化学混合物毒性评估与预测方法

刘树深　著

科 学 出 版 社

北　京

内 容 简 介

污染物低剂量与混合暴露是一种普遍规律。由低剂量混合污染物引起的累积与联合毒性问题已成为环境科学领域的研究热点。目前，混合物联合毒性研究缺少必要的方法学与实用工具。本书是作者课题组近年从事化学混合物毒性测试与数据分析研究所取得的成果总结，从混合物体系、混合物射线和混合物点概念出发，强调通过多条混合物射线改进混合物毒性评估与预测，创建了直接均分射线法和均匀设计射线法，以混合物及其组分的剂量–效应曲线为主线，将混合物毒性单点评估拓展到整个剂量–效应曲线的多点评估，最后简介了 APTox 程序。

本书可为广大化学、药学及环境科学工作者提供药物组合、农药混配及混合污染物的毒性效应评估与预测的方法参考和实用工具。

图书在版编目（CIP）数据

化学混合物毒性评估与预测方法/刘树深著. —北京：科学出版社，2017.9

ISBN 978-7-03-054512-1

I. ①化… II. ①刘… III. ①混合物–毒性–研究 IV. ①O642.5

中国版本图书馆 CIP 数据核字(2017)第 225763 号

责任编辑：朱 丽 杨新改 / 责任校对：郭瑞芝
责任印制：张 伟 / 封面设计：耕者设计工作室

科学出版社出版
北京东黄城根北街 16 号
邮政编码：100717
http://www.sciencep.com

北京九州迅驰传媒文化有限公司 印刷
科学出版社发行 各地新华书店经销
*
2017 年 9 月第 一 版 开本：B5 (720×1000)
2017 年10月第二次印刷 印张：10 1/4
字数：200 000

定价：68.00 元

(如有印装质量问题，我社负责调换)

前　　言

实际环境体系中污染物低剂量和混合暴露是一种普遍规律。由低剂量混合污染物引起的累积与联合毒性问题已引起广泛关注，正逐渐成为环境科学领域的研究热点。要揭示混合污染物的毒性规律进而对联合毒性进行评估与预测，不仅需要测试其中各个组分不同浓度下的毒性变化并构建剂量–效应模型，同时还需要对不同浓度组成的混合物进行毒性测试并寻求混合物毒性与单个组分之间的定量关系。然而，由于环境混合物的组成与浓度多样性，混合物毒性变化不全是加和的，甚至相同组分构成的混合物在不同浓度比或不同浓度水平下均有不同的毒性变化规律，有的是加和的，有的是协同或拮抗的。几十年来，混合物毒性研究没有突破性进展，除了混合物的异常复杂性之外，作者认为最根本的问题是混合物毒性研究领域缺少相关方法学和实用软件工具。目前可供应用的软件有美国新泽西州立大学 Klein 提出与发展的 BioMol［它主要应用于经典的基于药代动力学（PBPK）的联合毒性研究］以及德国分子生物工程研究所的 Dressler 提出的 CombiTool（它是用于分析经典混合物联合毒性效应的计算机工具，但只适用于分析两个活性物质之间的浓度加和与独立作用规律）。研究较为系统的只有二元混合物，对组分数大于等于 3 的多元混合物绝大部分均只涉及一种浓度比混合物比如 EC_{50} 比混合物，这是极不全面也不合理的。

2003 年，作者在高等学校全国优秀博士学位论文作者专项基金支持下开始混合污染物的毒性评估与预测方法学研究，后来又在“863”计划专题课题与国家自然科学基金项目支持下开展了系统深入研究，建立了开展多元混合物毒性评估与预测的方法学和实用软件。十余年来，作者领导的课题组建立了进行混合物毒性测试的多种高通量微板毒性分析法（MTA），创建了适用于二元混合物系统中不同浓度比设计的直接均分射线法（EquRay）以及适用于多元混合物系统中不同浓度比优化设计的均匀设计射线法（UD-Ray），从而能有效合理地设计多个代表性混合物，构建了剂量–效应曲线的观测置信区间，拓展了适用于多效应水平下评估混合物联合毒性的混合物毒性指数，增加了组合指数的观测置信区间，同时优化集成相关方法学成果，开发了用于研究混合物毒性评估与预测的应用软件——APTox。本书就是作者课题组十余年从事化学混合物毒性研究取得的些许成果小结，也是我们多年从事混合物毒性研究的心得与体会，但愿能对从事多元混合物联合毒性研究的工作者有所帮助或启发。

本书共分 7 章。第 1 章在简介化学混合物毒性研究基本概况后推出混合物体系、混合物射线与实体混合物点概念，并对混合物毒性与毒性相互作用、剂量–效应关系与剂量–效应数据采集等基本问题进行介绍。第 2 章在介绍剂量–效应曲线类型基础上，描述线性剂量–效应曲线的建模方法，讨论单调非线性剂量–效应曲线的常用非线性函数及常见建模方法，特别讨论了观测置信区间的构建。最后简单介绍无观测效应浓度（NOEC）概念与替代量。第 3 章混合物设计是本书最具特色的章节，重点介绍作者课题组提出的 EquRay 法和 UD-Ray 法的基本原理与应用实例，同时讨论文献中固定比射线设计法（FRRD）。第 4 章将浓度加和、独立作用和效应相加等加和参考模型统一起来，集中讨论基于实验浓度与基于指定效应从单个组分剂量–效应信息求解加和模型预测效应与预测浓度，从而构建混合物预测剂量–效应曲线（CRC）的方法。第 5 章在第 4 章加和参考模型预测 CRC 基础上，从整条混合物 CRC 上分析不同浓度水平下混合物的毒性相互作用（协同、加和与拮抗）。同时给出评估混合物毒性的定量方法即组合指数方法，最后介绍等效线图。第 6 章将多种单效应水平的混合物毒性指数方法推广至多效应水平，包括以毒性单位法为基础的经典联合作用指数、浓度加和指数（CAI）与效应加和指数（EAI）、基于浓度与效应的毒性相互作用指数。第 7 章简单介绍一下作者发展的化学混合物毒性评估与预测软件 APTox 的主要功能、最重要的输入数据文件以及举例说明如何利用原始毒性测定的剂量–效应数据绘制等效线图。

在本书付梓出版之际，特别感谢张亚辉、葛会林、王丽娟、张瑾、覃礼堂、张永红、朱祥伟、张晶、陈浮、屈锐和李恺博士，刘保奇、莫凌云、刘芳、宋晓青、黄伟英、邓辅财、肖菊、桑文静、仝娟、窦容妮、张丽芬、袁静、李晓磊、张帅帅、王成林、霍向晨、王猛超、刘玲、刘雪、余沫、唐含笑、樊烨和冯利硕士以及陈珏、高音旋、徐卿、张琼、王金承、朴英男、林楠、杨可、段欣甜和李彤同学在微板毒性分析方法、直接均分射线法、均匀设计射线法、浓度加和指数与效应加和指数、带置信区间的组合指数、整合浓度加和与独立作用模型、最小二乘支持向量回归等方法建立与应用研究中的创新劳动，没有他们的突出贡献，要完成本书是不可能的。

由于作者水平有限及混合物毒性研究的异常复杂性，书中错误之处在所难免，还请读者批评指正。

作　者

2017 年 6 月于同济大学明净楼

本书所涉及彩图及内容信息请扫描右侧二维码扩展阅读。

目　录

第1章 绪 论

1.1 引 言

实际环境体系中污染物低剂量和混合暴露是一种普遍规律。由低剂量混合污染物引起的累积与联合毒性问题已引起广泛关注，正逐渐成为环境科学领域的研究热点。通常，混合污染物或称化学混合物可分为简单混合物（simple mixture）和复杂混合物（complex mixture）两个大类。简单混合物含有少数几种或十几种定性定量已知的化学物质，而复杂混合物则含有几十种或更多的且组成不是完全已知的复杂化学体系。尽管化学混合物或混合污染物联合毒性的研究已进行了几十年，但其进展并不令人满意，除了混合污染物本身毒作用机制的复杂性之外，缺乏方法学和通用测试与数据分析平台的研究是阻碍其发展的重要原因之一。因此，开展化学混合物毒性评估与预测方法学研究同时构建毒性数据分析平台具有重要理论意义。

综观混合污染物毒性研究进程，大致可分为二元混合物与多元混合物两个研究阶段。大约在2000年前，混合污染物毒性分析本质上研究的是两组分混合物即二元混合物，仅极少数为三组分混合物。对于 2 个以上组分构成的多元混合物，绝大多数采用等毒性浓度比法设计混合物，应用毒性单位法（TU）、相加指数法（AI）、混合毒性指数法（MTI）及相似性参数法等研究联合毒性（Lange and Thomulka，1997；Thomulka and Lange，1997）。可供应用的软件有CombiTool和BioMol（Dressler et al.，1999；Klein et al.，2002），但它们本质上只能用于二元混合物的联合毒性评估。这个阶段除了混合物中组分数一般不超过 3 以外，一般只评估混合物在剂量–效应曲线上的一个或几个点的毒性相互作用信息（如EC_{50}），也很少考虑毒性实验固有的不确定性及拟合曲线的不确定性。基于单点或标量的研究方法得到的协同、拮抗与加和的毒性相互作用结论在其他点可能是不可靠的，甚至是完全错误的。直到2000年，德国不来梅大学的一个研究课题组（Scholze et al.，2001）应用非线性函数模拟剂量–效应曲线，采用回归策略代替传统点估计的方法求解低效应浓度，并将浓度加和（concentration addition，CA）与独立作用（independent action，IA）模型用于多组分混合物剂量–效应曲线的预测（Backhaus et al.，2000a；Backhaus et al.，2000b），混合污染物的联合毒性研究才算真正进入了多组分混合物研究领域。有一种观点认为，具有相似作用模式的污染物构成的混合体系其联合毒性可用 CA 模型进行评估或预测（Altenburger et al., 2000；Junghans et al., 2003；Arrhenius et al., 2004；Junghans et al., 2006），而具有相异作用模式的混合污染物体系，其联合毒性则可用 IA 模型进行评价（Faust et al., 2003；Backhaus et al., 2004）。然而，由于实际混合污染物的复杂性，大多数研究体系仅属于简单混合物范畴，混合物浓度空间探索还停留在 1 条或少数几条等毒性浓度比射线（Meadows et al., 2002）上。“射线”概念的定义具有革命性的意义，它将传统单点评价方法拓展至整个剂量–效应曲线。目前，绝大部分多元混合物就是采用固定比射线设计法研究混合物联合毒性的。Gennings 等以 5 种杀虫剂即乙酰甲胺磷、二嗪农、毒死蜱、马拉硫磷和乐果为混合物组分，利用固定比射线设计法评估五元混合物的联合毒性变化（Gennings et al., 2004）。

然而，射线设计包括等毒性浓度比/等效应浓度比或固定（浓度）比射线设计，常常只选择其中一种浓度比，仅考察其中几个特殊混合物，很难模拟实际环境中各种浓度组成的化学混合物，因而不能预测其他浓度比的混合物。如何从实际环境体系中选择少量代表性混合物进行毒性测试并评估混合物的联合毒性变化规律，从而预测未知混合物毒性问题，就成为混合物毒性评估中有待解决的重要课题之一。例如，Narotsky 等（1995）用 5×5×5 设计研究了乙炔化三氯、邻苯二甲酸二乙基乙酯和七氯等为组分构成的三元混合物，每个组分考察 5 个剂量水平共 125 个混合物的毒性。Charles 等（2002）应用雌激素受体试验研究了 3 个组分构成的三元混合物的毒性，其中每个组分都以 4 个浓度水平进行全因子设计，共完成 64 组实验。然而，当组分数和其浓度水平数增加时，析因设计的实验工作量呈指数幂方式增加，很难推广。10 年前，我们将均匀设计思想引入混合物毒性研究，并结合固定比射线设计创建了均匀设计射线法（Zhang et al., 2008；Liu et al., 2009；刘树深等，2012；Liu et al., 2016b），有效地将混合物联合毒性研究推向多组分混合物体系，使合理系统地分析五元、六元、八元甚至十五元混合物（Zhang et al., 2010）的毒性及毒性相互作用分析成为可能。

本书针对多元混合物的毒性评估与预测目前缺少相关方法学的问题，从混合物体系、混合物射线和实体混合物点 3 个重要概念出发，以混合物及其组分的剂量–效应曲线为主线，引进合理优化设计的多条混合物射线进行混合物毒性评估的新思路，以期推动混合物毒性研究有效合理地向多元混合物迈进的进程，具有重要学术价值。本章将首先对多元混合物毒性评估与预测研究的基本问题做一介绍。

1.2 什么是化学混合物？

1.2.1 化学混合物的基本概念

由多种化学物质（chemical）组成的物质称作化学混合物（chemical mixtures）或简称混合物。例如空气是由O_2、N_2、CO_2与SO_2等多种化学物质组成的混合物。这个化学物质是指一般化学教科书中的化合物（compound）与单质（elementary substance），即纯净物（pure substance）。如O_2和N_2是单质，而CO_2和SO_2则是化合物。纯净物是指化学元素原子通过化学键键合在一起的具有固定组成（有明确的化学结构）和固定理化性质的物质。混合物没有固定的组成（没有明确的化学结构），其中各种物质保持原有的理化性质，各物质之间也没有发生化学反应。在空气混合物中，各化学物质如O_2、N_2等在不同地区不同时间与空间的组成是不确定的（包括各物质之间的比例与浓度都是不确定的），但O_2与N_2等化学物质却保持这些物质单独存在时的理化性质，相互之间也不发生化学反应而生成新的化学物质。如上海某地区空间的空气混合物与青藏高原中某地区的空气混合物可能都由O_2、N_2、CO_2与SO_2等组成，各化学物质的配比与绝对浓度是不一样的，但其中O_2与N_2的理化性质与单独存在时的O_2与N_2是完全相同的。如果化学物质之间发生了化学反应生成了新的化学物质，那就不是原来的混合物，而是新的另一种混合物了。实际环境中，化学物质几乎都是以混合物形式存在的。例如一个化工产品、饮用水消毒副产物、商用农药、化妆品、面包等等。为了区别单个化学物质与存在于混合物中的化学物质，将混合物中的化学物质称为混合物组分或组分（components）。

1.2.2 混合物体系与混合物射线

具有一定化学组分（或确定化学物质）的化学混合物是一个复杂的系统，其中包含无数个组分一定而各组分浓度各异的实体混合物。混合物组分可以通过测量其剂量–效应曲线来表征该组分的毒性特征从而获得某些特征浓度如半数效应浓度（median effective concentration，常用EC_{50}表示）和无观测效应浓度（no observed effect concentration，NOEC）等。为了获得类似单个组分的混合物剂量–效应曲线或浓度–响应曲线（concentration-response curve，CRC），可采用固定各组分在混合物中的浓度分数（concentration fraction）或混合比（mixture ratio）或浓度比（concentration ratio），并逐步改变混合物总浓度的方法（即逐渐稀释）设计一系列混合物并测试其毒性效应，进而构建混合物的CRC。通过逐渐稀释法获得的这些实体混合物（点）在由各组分张成的浓度空间中分布在一条从原点出发的射线上，因此把这些混合物（点）的集合称为混合物射线（mixture ray）。为了系统表征化学混合物，我们称具有一定化学组分的各种混合物的集合为混合物体系（mixture system），如二元混合物与三元混合物等都是混合物体系（或混合物空间）。混合物体系中一系列具有固定浓度分数但具有不同浓度水平的混合物集合称为混合物射线（通过测试 1 条混合物射线各个混合物点的毒性效应可构成混合物射线的 CRC）。混合物射线上具有相同浓度分数但具有不同浓度水平的点才是待测定毒性效应的真正的实体混合物。图 1.1（a）示例了由三种物质（组分）构成的三维浓度空间(由 3 种化学物质的浓度轴构成)，其就是一个三元混合物体系，其中 3 条虚线代表 3 条三元混合物射线，这些射线上描绘了 6 个混合物点，是实体混合物（王猛超等，2014）。图 1.1（b）为溴化己基咪唑–吡虫啉–多黏菌素 B 三元混合物体系中 5 条不同混合比射线（R1，R2，R3，R4 和 R5）上 60 个实体混合物点（每条射线上 12 个点）之间的关系示意图。

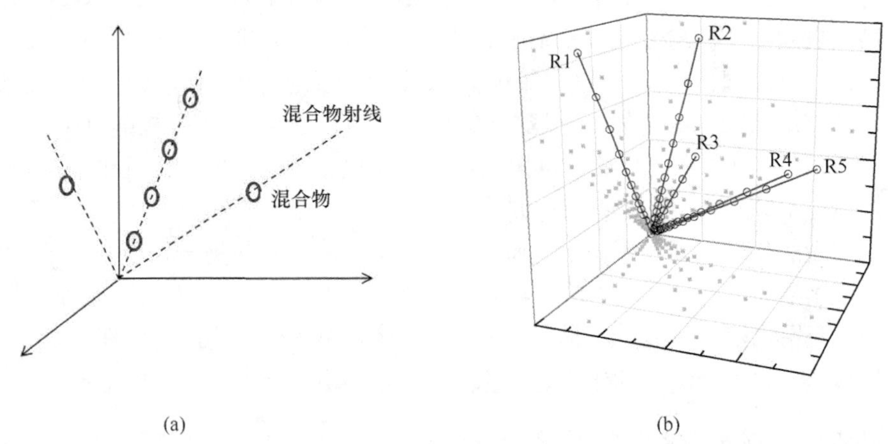

图 1.1 混合物体系（空间）、混合物射线（射线）与实体混合物（点）相互关系

1.3 混合物毒性

1.3.1 毒性终点、毒性指标和毒性效应

广义地说，一种药物（drug）的活性（activity）或一种污染物/毒物（pollutant/toxicant）的毒性（toxicity）本质上是药物/毒物小分子与生物靶标大分子（target）相互作用的结果（参见图 1.2）。因此要说明一种毒物的毒性，除说明该毒物（化学物质之一）外，还必须明确说明它所作用的靶是什么、毒性终点（toxicity endpoint）指什么、量测毒性效应（effect）的物理量以及比较毒性大小的毒性指标（toxicity index）是什么。例如，在敌敌畏的鱼类急性毒性实验中，毒物

是敌敌畏、作用靶是鱼、鱼死亡为毒性终点、死亡率或死亡百分率为毒性效应而半数致死浓度（median lethal concentration，常用 LC_{50} 表示）为毒性指标。又如，在敌敌畏对发光菌的发光抑制实验中，毒物是敌敌畏、作用靶是发光菌、发光率降低或发光抑制为毒性终点、发光降低或发光抑制百分率为毒性效应而半数抑制浓度（median inhibitory concentration，常用 IC_{50} 表示）为毒性指标。因为不同毒性实验中选择的毒性终点不同，毒性所包含的意义也不同，因此，常常将药物的具体活性或毒物的具体毒性统一以效应表示。这样，半数抑制浓度、半数致死浓度等都可以用半数效应浓度表示。某药物或毒物的 EC_{50} 越大，它的活性或毒性就越小。一种优良的药物，要求其对肿瘤细胞具有高的活性而对正常细胞具有低的毒性（即高效低毒）。一种化学品对不同的生物靶可能具有不同的效应，因而有抗肿瘤药物与抗炎药物之分。农药之所以有除草剂和杀虫剂等，也是因为其作用靶及毒性终点的不同。因此，在指明了化学物质和其作用的生物靶外，还必须说明毒性终点、毒性指标及毒性效应才能明确其毒性的真正涵义。

图 1.2 化学物质（chemical）与靶（target）相互作用产生效应（effect）示意图

1.3.2 混合物毒性

单个化学物质或混合物组分对某生物靶的毒性可通过逐渐稀释的方法获得不同浓度水平进而进行毒性测试得到该物质的剂量–效应关系（dose-effect relationship），通过曲线拟合获得剂量–效应曲线（CRC），进而求解半数效应浓度确定其毒性指标，从而确定其毒性大小。由于大多数化学物质的活性或毒性效应的大小与其浓度呈几何级数变化，在不同浓度的毒性测试中常常根据初步实验确定合适的稀释因子（dilution factor，DF）来设计各个浓度梯度（C_i）。例如一般生物化学实验中常常采用 1/2 为稀释因子，即 DF = 0.5。在这种情况下，各浓度梯度为 $C_0, C_0/2, C_0/2^2, C_0/2^3, \cdots, C_0/2^{n-1}$。

混合物毒性（mixture toxicity）也可采用类似单个组分的方法求解混合物的半数效应浓度。通过逐渐稀释方法获得一系列不同浓度的混合物溶液，对各混合物溶液进行毒性检测，获得混合物总剂量–效应关系，经曲线拟合获得混合物 CRC，进而求解混合物的半数效应浓度，确定其毒性大小。在这里，由 m 个组分形成的混合物的总浓度（C_{mix}）定义为该混合物中各个组分的浓度（$C_i, i = 1, 2, 3, \cdots, m$）

之和：

$$C_{\mathrm{mix}} = \sum_{i=1}^{m} C_i \qquad (1.1)$$

然而，在很多情况下，采用 0.5（即 1/2）为稀释因子往往不能使所有浓度梯度–效应数据点均匀地分布在 CRC 上，需要根据初步毒性检测结果计算合适的稀释因子，这样才能使所有浓度–效应点均匀地分布在 CRC 上（参见图 1.3）。

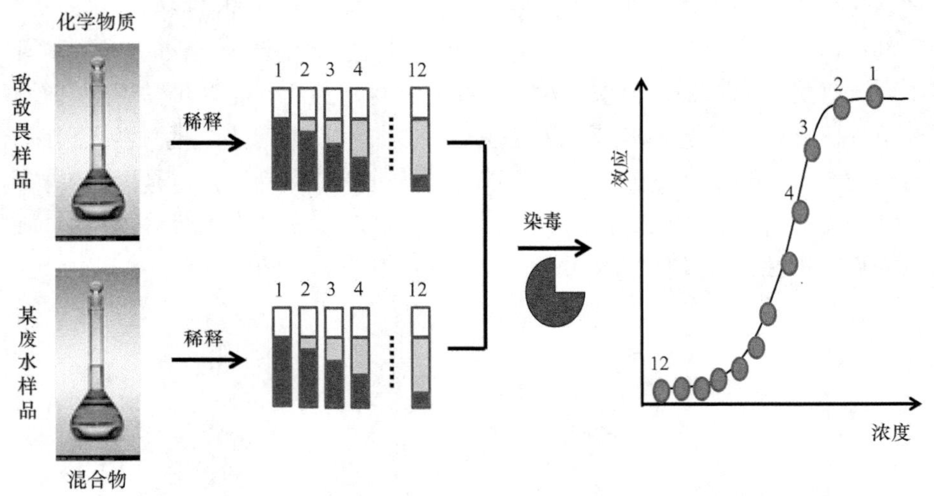

图 1.3 逐渐稀释法、浓度–效应曲线及稀释因子计算中不同浓度点编号示意图

单个化学物质或混合物的剂量–效应数据通常通过逐步稀释法从一个高浓度（$C_{\max}$）溶液（如储备液与样品原液等）逐步稀释获得一系列不同浓度（C_i）的实验溶液。由于化学物质的 CRC 常常不是线性的，多数是对数线性的，因此常常通过合适的稀释因子得到具有几何分布的不同浓度梯度。为了适应不同化学物质或混合物射线可能具有不同的剂量–效应关系，需要计算合适的稀释因子 DF。

由浓度（C_i）与稀释因子（DF）的关系式

$$C_i = C_{\max} \cdot \mathrm{DF}^{i-1} \qquad (i = 1, 2, \cdots, n) \qquad (1.2)$$

可知

$$\begin{aligned} C_{\mathrm{H}} &= C_{\max} \cdot \mathrm{DF}^{\mathrm{H}-1} \\ C_{\mathrm{L}} &= C_{\max} \cdot \mathrm{DF}^{\mathrm{L}-1} \end{aligned} \qquad (1.3)$$

解联立方程

$$\mathrm{DF} = \left(\frac{C_{\mathrm{H}}}{C_{\mathrm{L}}} \right)^{1/(\mathrm{H}-\mathrm{L})} \qquad (1.4)$$

式中，C_H为高效应浓度，C_L为低效应浓度，H与L为高低效应浓度点的序号（CRC上最高效应浓度点序号为1，最低效应浓度点序号为n。例如在图1.3中，可用最高浓度C_1和最低浓度C_{12}来计算稀释因子。

分布在一条混合物CRC上的所有点的浓度分布，在混合物多维浓度空间中构成一条从坐标原点出发的射线。在这条射线上，虽然混合物总浓度是不断变化的，但其中各组分浓度占混合物总浓度的分数却是不变的。即当总浓度逐渐减少时，各组分浓度都同倍数减少，刚好与实验操作中的逐渐稀释结果一致。尽管在一个多元混合物体系中有很多的实体混合物，但其中只有具有固定浓度比（固定浓度分数）的混合物射线才对应混合物的CRC，才对应有半数效应浓度，才能与某单个化学物质进行毒性大小的比较。所以，1条混合物射线可认为是一种“假”组分，是一种具有某种浓度比（浓度分数）或混合比的混合物射线（一个多元混合物体系中有很多条这样的射线，即很多假组分），因此，有些文献中提及的“混合物的毒性大于某单个化学物质”的说法是不科学和片面的，不指明浓度分数或者混合比，就没有确定的毒性指标（EC_{50}），就没法与单个物质比较毒性大小。

对在某位点采集的某实际混合物样品（原液）进行逐渐稀释时，该样品总浓度逐渐降低，但混合物中任意组分（无论其中有多少个组分）占总浓度的浓度分数是固定不变的，各个稀释的浓度梯度正好构建一条混合物射线。在二元混合物研究中，可用两组分之间的浓度比表示，依此类推，多元混合物中也可用各组分之间的浓度比或混合比表示。然而，作者认为，对于多元混合物，用浓度分数比用浓度比更加科学，更易于程序化。因为浓度分数是对某一组分来说的，不必指明其他组分，而浓度比则必须指明其他组分，所以下述所指的浓度比或混合比其意义就是浓度分数。

应当指出，由于化学混合物的复杂性和研究的局限性，混合物毒性常常使用mixture toxicity、combined toxicity或joint toxicity等来表征。从目前文献看，这三个词都可以用来表示某一个具体混合物的毒性效应大小，也可以用来表示混合物中存在的毒性相互作用，即协同（synergism）、拮抗（antagonism）与加和（additive action）。它们有何异同目前无统一说法。作者认为mixture toxicity统一表示某实体混合物的毒性效应大小，而combined toxicity与Joint toxicity则用于表示混合物毒性相互作用比较合适。在目前情况下，最好在使用前明确其含义。

1.3.3 毒性相互作用

混合物是由多个化学物质组分构成的，根据混合物毒性与单个组分毒性之间的关系来识别混合物毒性是否具有毒性相互作用。无毒性相互作用则称为加和作用（additive action），有毒性相互作用则称为协同或拮抗。所以，要识别混合物毒性相互作用，首先要定义什么是加和作用。目前，定义加和作用有 3 个常用假设或参考标准，即浓度加和（concentration addition，CA）、独立作用（independent action，IA）和效应相加（effect summation，ES）（刘树深等，2013）。当某实体混合物在某一浓度水平下的实验效应大于加和参考模型的预测效应时，则认为混合物存在协同相互作用；当小于预测效应时则认为是拮抗相互作用；而当与预测效应不存在显著性差异时，则认为不存在毒性相互作用（即加和作用）（刘树深等，2012）。所以，毒性相互作用一般是指协同或拮抗，无相互作用就是加和作用。广义说，毒性相互作用是协同、加和作用与拮抗的统称。

由于毒性实验带有实验误差，CRC 非线性拟合有拟合误差，要比较加和模型预测 CRC 与实验 CRC，必须考虑 CRC 的预测置信区间。即要有效合理地识别毒性相互作用，必须分析比较预测效应与观测值的置信区间上下限（参见图 1.4）。在图 1.4 中，若以 EC_{50} 为评价点，（a）图所示混合物实验效应的置信上限小于参考模型预测效应，为拮抗相互作用；（b）图所示混合物实验效应的置信下限大于参考模型预测效应，为协同相互作用；（c）图所示混合物预测效应位于实验效应的置信区间上下限之间，与实验效应没有显著性差异，为加和作用。

值得注意的是，在同一条混合物射线上，不同浓度水平的混合物点即实体混合物的毒性相互作用可能是不同的。图 1.4 中所表达的只是特殊情况，即几乎所有浓度下都为协同、拮抗或加和作用。此外，具有不同浓度分数的不同混合物射线中各不同混合物的毒性相互作用也可能是不同的。所以，对于一个多元混合物体系而言，其毒性或毒性相互作用具有混合比（浓度分数）依赖性和浓度水平依

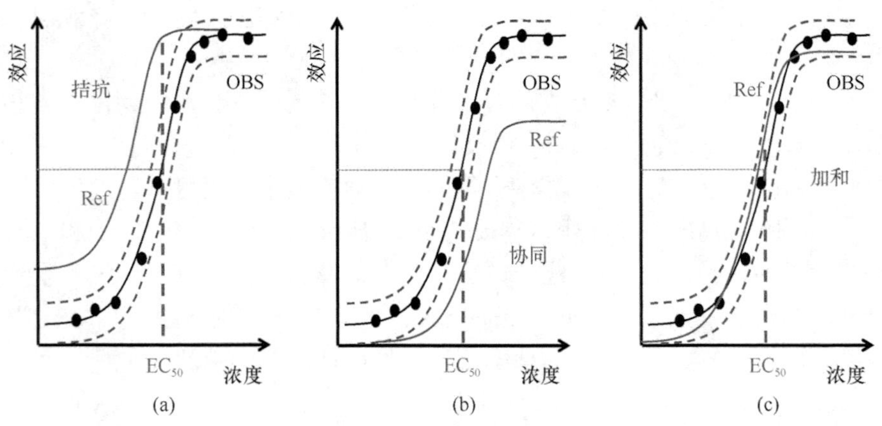

图 1.4　毒性相互作用（协同、拮抗与加和）识别示意图*

黑点为实测点、黑实线为观测数据（OBS）拟合线、红实线为加和（Ref）参考模型预测线、蓝色虚线为置信区间

* 可扫描封底二维码查看原彩图示意。此后彩图同此说明。

赖性，描述混合物毒性或毒性相互作用时应明确说明混合比与浓度水平。

在混合物毒理学研究历史上，还有一个毒性相互作用概念——无加和（no addition），其是混合物毒性相互独立（independence）的意思。换句话说，是指混合物的毒性仅由其中某一个组分的毒性来决定，而与其他组分的毒性无关（Altenburger et al.，2003）。值得指出的是，这个相互独立的概念与加和参考模型中的独立作用（IA）是两个完全不同的概念。

1.4 剂量–效应关系

1.4.1 化学物质的剂量–效应关系

化学物质的剂量–效应关系（dose-effect relationship）是反映化学物质毒性特征的基本关系，也是获得化学物质毒性指标（EC_{50}）和阈值浓度的基础。在药物学中，剂量是决定外源化合物对机体造成损害作用的最主要因素，一般指机体接触化学毒物的量或给予机体化学毒物的量。剂量的单位通常以单位体重接触的外源化学物数量（mg/kg）表示。在环境毒理学中，剂量常用环境中的浓度（mg/m^3 空气或 mg/L 水）来表示。本书中剂量均以浓度表示。

效应（effect）是指化学毒物与机体接触后引起的生物学改变，又称生物学效应。反应（response）是指一定剂量的外源化合物与机体接触后，出现某种效应的个体数量在群体中占有的比率，一般用百分比和比值表示，如死亡率、反应率、肿瘤发生率。本书均用效应来表示。可以连续变化的物理量表示的效应，称为量反应或量效应（graded response/effect）。有些效应只能用全或无，阳性或阴性表示，称为质反应（all-or-none response 或 quantal response），如死亡与生存、抽搐与不抽搐等，必须用多个动物或多个实验标本，以阳性率表示。

剂量–效应关系表示化学物质的剂量或浓度与生物靶（包括各个生物学水平）发生的效应之间的关系。剂量–效应关系可用剂量–效应曲线（dose/concentration-effect/response relationship，CRC）表示，即以效应或反应为纵坐标，以剂量或浓度为横坐标作图。在环境毒理学中，很多化学物质或污染物的效应常常与浓度的对数呈线性关系，因此，浓度坐标常常以浓度的常用对数表示。从 CRC 可以直观地观测到某种生物学效应与化学物质浓度之间的变化关系，并通过数学模拟等方法获得某些特征毒性参数，如半数效应浓度（median effective concentration，EC_{50}）、最小有效浓度或最低可观测效应浓度（lowest-observed effective concentration，LOEC），最大无观测效应浓度或无观测效应浓度（no-observed effect concentration，NOEC）等。半数效应浓度还可因效应表示的量不同而有不同的表示，如酶抑制毒性实验中的半数抑制浓度（median inhibition concentration，IC_{50}）、急性致死实验中的半数致死浓度（median lethality concentration，LC_{50}）等。在化学物质 CRC 中，LOEC、NOEC 及 EC_{50} 之间的相互关系大致可用图 1.5 近似表示。

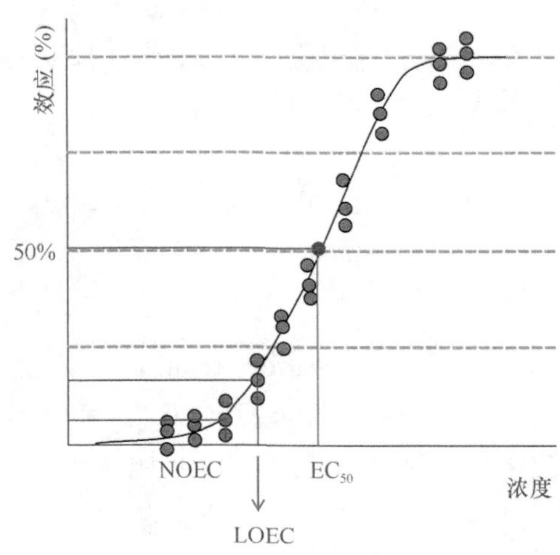

图 1.5　剂量–效应曲线与 3 个特征浓度 EC_{50}、LOEC 及 NOEC

1.4.2　混合物的剂量–效应关系

混合物体系中每一条混合物射线可描述为一个假组分（pseudo component），通过对射线中各个实体混合物点的效应进行测量，可以得到混合物射线的总剂量–效应曲线。一个化学组成一定的混合物体系可因其中各组分的浓度分数或混合比的不同而有很多条不同的混合物射线，即有很多假组分。只有确定的假组分或射线才有确定的 EC_{50}，才可以和单个化学物质进行毒性比较（比较 EC_{50}）。

目前，大多数多元混合物毒性评估中设计的多个等毒性浓度比或等效应浓度比（equivalent effect concentration ratio，EECR）混合物实际上就是一条特殊的混合物射线上的多个混合物（点），即在这条射线中，各个混合物中相应组分的浓度分数是不变的，或者说各组分之间的浓度比均是各组分的 EC_{50} 比，即浓度分数(p_j)在各实体混合物中都是相同的

$$p_j = \frac{C_j}{C_{\mathrm{mix}}} = \frac{C_j}{\sum_{j=1}^{m} C_j} \tag{1.5}$$

式中，C_{mix} 为混合物总浓度。

所有 EECR 混合物构成一条混合物射线，但只是混合物体系众多射线中的一条射线，其毒性信息只能说明这一条射线的毒性特征，不能反映整个混合物体系

的毒性特征。因此，要有效描述一个多元混合物体系的毒性全貌，必须要合理设计多条不同浓度比的混合物射线（Liu et al.，2016a）。由于每一条射线中所有混合物点中的各个组分均具有固定不变的浓度分数或混合比，因此，称设计这些混合物的方法为固定浓度比设计或固定比射线设计（fixed ratio ray design，FRRD）。FRRD包括等毒性浓度比射线设计，也包括各种非等毒性浓度比射线设计。图1.1（b）中描述了一个3个组分构成的三元混合物体系中的5条FRRD射线，其中R5实际上就是等EC_{50}比的EECR射线，而其他4条都是不同非等毒性浓度比的FRRD射线。

我们实验室发展建立的适用于二元混合物体系的直接均分射线法（direct equipartition ray design，EquRay）（Dou et al.，2011）就是一种合理全面描述混合物中各组分浓度分布的一种程序化方法。而均匀设计射线法（uniform design ray design，UD-Ray）（Liu et al.，2016b）是合理有效表征多元混合物中各组分浓度分布的多条FRRD方法。

1.5 剂量–效应数据采集

要考察污染物或污染混合物的剂量–效应关系，就必须首先通过相关毒性实验采集污染物/混合物射线在不同浓度或剂量下的毒性效应数据，进而通过非线性拟合技术获得剂量–效应曲线模型，从而获得EC_{50}等特征浓度。本节以微板毒性分析法（microplate toxicity analysis，MTA）（Zhang et al.，2008；Liu et al.，2009）为例，说明采集污染物或混合物射线在不同浓度水平下对发光菌发光抑制毒性数据的方法。在MTA中，选择淡水发光菌——青海弧菌（*Vibrio qinghaiensis* sp. —Q67，简称Q67）为检测生物，污染物或混合物对发光菌的发光抑制为毒性终点，暴露时间为15 min，测试液的相对发光单位（relative light unit，RLU）为检测信号，发光抑制率或百分率（I，%）为毒性效应，以96孔微板为暴露载体。

1.5.1 对照组与处理组在96孔微板上的分布

在MTA中，对照组（不含污染物）或空白组（b）与12个不同浓度处理组（含污染物）在96孔微板上的分布如图1.6所示。12个平行空白（b）分别安排在第1行（A-1）12个孔上，12个不同浓度梯度（C_i，$i = 1, 2, 3, \cdots, 12$）各3次平行的处理组分别安排在第2、3和4行（B-2、C-3和D-4）的36个孔上，第2行（B-2）安排12个不同浓度梯度的处理组，第3（C-3）与第4行（D-4）为第2行（B-2）处理组的平行。

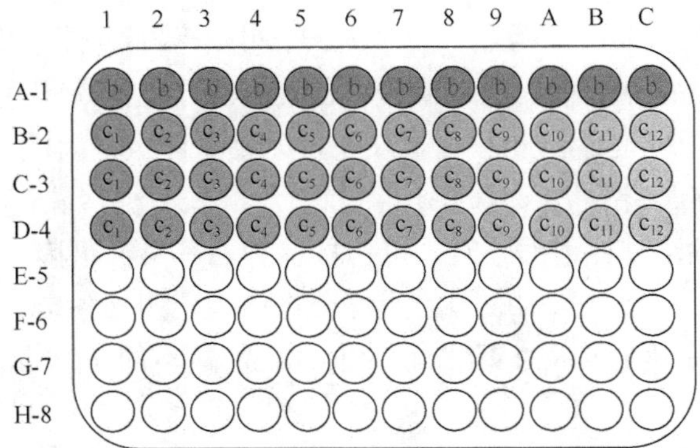

图 1.6 MTA 中对照组（b）与处理组（C_i，i=1, 2, …, 12）在 96 孔微板上分布示意图（刘树深等，2012）

因为发光抑制率的计算是以空白或对照组的 RLU 为分母的，其测试精度直接影响发光抑制毒性的准确度，因此设置了 12 个平行空白，以提高空白测试的精密度。为了保证测试的重复性，每一微板实验至少重复 3 次。

1.5.2 污染物发光抑制毒性测定

以测试杀虫剂敌敌畏（dichlorvos，DIC）在不同浓度下对 Q67 的发光抑制毒性为例（Liu et al.，2009）。具体操作步骤如下所述。

1. 青海弧菌 Q67 的培养

青海弧菌 Q67（*Vibrio qinghaiensis* sp. —Q67）购自北京滨松光子技术股份有限公司，为指示生物，培养基配方如表 1.1 所示。

表 1.1 青海弧菌培养基配方（以 1 L 计）

成分	含量（mg/L）	成分	含量（g/L）
KH_2PO_4	13.6	$NaHCO_3$	1.34
$Na_2HPO_4 \cdot 12H_2O$	35.8	NaCl	1.54
$MgSO_4 \cdot 7H_2O$	250.0	酵母浸膏	5.00
$MgCl_2 \cdot 6H_2O$	610.0	胰蛋白胨	5.00
$CaCl_2$	33.0	甘油	3.00

液体培养基的配制：按表 1.1 称取培养基各成分，加热溶于 1000 mL 蒸馏水中。用 1 mol/L NaOH 调整培养基 pH 值至 8.5～9.0，分装于 100 mL 锥形瓶中，每瓶 50 mL，用牛皮纸包住瓶口扎紧，121 ℃高压蒸汽灭菌 20 min，冷却后于 4 ℃冰箱保存备用。

固体培养基：取上述培养液 100 mL，加入 1.5～2 g 琼脂，电炉加热使溶解至透明，趁热用漏斗分装于试管中，每支试管约 10 mL，塞上棉球，经 121 ℃高压蒸汽灭菌 20 min，取出冷却制成斜面。

培养：将−24 ℃保存的装有青海弧菌典型菌株 Q67 冻干粉的安瓿瓶先置于 4 ℃冰箱内约 10～15 min，在超净工作台中切开安瓿瓶，加入已灭菌的 0.8% NaCl 溶液进行发光激活，然后用移液器转移 2.0 mL 这种菌液，注入盛有固体培养基的培养皿中，用三角环铺平。培养皿底在上，培养基面朝下放于振荡培养箱中（反放的原因是防止污染别的菌和飘入灰尘），22 ℃培养 24 h 后取出保存于 4 ℃冰箱中备用。

实验菌种的培养：将 4 ℃保存的 Q67 菌种转接到新鲜斜面上，22 ℃培养 24 h，存于 4 ℃冰箱中备用。将新鲜斜面的菌种挑取小米粒大小接种到 50 mL 液体培养基中，22 ℃振荡培养。Q67 培养时间在 16～24 h 范围内时处于对数生长期，选取此时的菌液用于实验。

2. 相对发光单位（RLU）的测定

应用微板毒性分析法对 DIC 毒性进行初步实验，根据实验结果，估算最高效应浓度（C_H）与最低效应浓度（C_L），进而按式（1.4）计算稀释因子（DF），按式（1.2）设置 12 个浓度梯度。不同毒物对不同毒性终点具有不同的剂量–效应特征，有不同的稀释因子，对于环境污染物对发光菌的毒性实验而言，DF 通常在 0.6～0.7 之间。12 个浓度梯度视毒物 CRC 特征可按最大浓度的 2 倍以上原则配制 1～2 个储备液后进行操作。

根据图 1.6 配制对照组与不同浓度处理组试液，即 96 微孔板第一排每孔加入 100 μL 空白溶液做对照。第二排 12 孔首先加入 12 个不同体积毒物，不满 100 μL 液量的孔以 Milli-Q 水补至 100 μL。样品的浓度是在预实验测试的基础上，根据稀释因子按等对数间距取得，浓度由小到大呈几何级数递增，使各浓度产生的发光强度抑制率（E）在 0～100% 间均匀分布。第三排与第四排加液方式同第二排，为其平行实验。最后用 12 道移液器从第一排到第四排向每孔加入 100 μL 菌液，从而使总体积为 200 μL。将 96 孔微板置于光度计（如 PowerWave 微孔板分光光度计）中，暴露 15 min 后，测试各孔 RLU 并记录保存为 Excel 文件。

3. 不同浓度 DIC 发光抑制毒性计算

计算出 12 个空白 RLU 测量值的平均值（I_0）和每个浓度 3 次平行测量 RLU 的平均值（I），进而按式（1.5）计算发光菌发光抑制率 E 或 x：

$$E = x = \left(\frac{I_0 - I}{I_0}\right) \times 100\% \tag{1.6}$$

式中，

$$I_0 = \frac{1}{12} \cdot \sum_{i=1}^{12} \mathrm{RLU}_{\mathrm{Blank},i} \text{ 和 } I_i = \frac{1}{3} \cdot \sum_{k=1}^{3} \mathrm{RLU}_{i,k}$$

其中$\mathrm{RLU}_{\mathrm{Blank},i}$为第 i 个空白的相对发光单位，共 12 个空白；$\mathrm{RLU}_{i,k}$为第 i 个浓度梯度的第 k 次平行（共 12 个浓度梯度各 3 次平行）的相对发光单位。

发光抑制毒性效应的取值范围为 0～1 或 0～100%，称为效应（E）或百分效应（E，%）。

此外，每一个板上空白相对发光单位（RLU）的变化率（不确定性）反映了 MTA 中空白的稳定性与精度（也即方法稳定性），可用各孔 RLU 实验值与 12 个空白的平均 RLU 值之差的相对偏差进行表征。

【例 1.1】 应用 MTA 方法测试敌敌畏对发光菌 Q67 的 15 min 发光抑制毒性时，测定了 3 个微板在不含敌敌畏的空白共 36 个孔的相对发光单位数据，如表 1.2 所示，如何评估该方法测试稳定性？

表 1.2　3 个微板空白相对发光单位（RLU）及相对变化率（Var）

编号	$\mathrm{RLU}_{1,j}$	$\mathrm{RLU}_{2,j}$	$\mathrm{RLU}_{3,j}$	$\mathrm{Var}_{1,j}$（%）	$\mathrm{Var}_{2,j}$（%）	$\mathrm{Var}_{3,j}$（%）
1	208202.7	207287.4	208902.1	−1.01	−1.83	−3.22
2	222081.9	227761.1	220152.1	−7.74	*−11.89*	−8.77
3	206420.5	214661.7	210336.5	−0.14	−5.45	−3.92
4	211316.0	207287.4	208902.1	−2.52	−1.83	−3.22
5	212909.1	211835.5	196210.7	−3.29	−4.06	3.06
6	211512.4	213259.5	208286.4	−2.61	−4.76	−2.91
7	208202.7	206393.8	202440.5	−1.01	−1.39	−0.02
8	209424.7	201787.5	196652.6	−1.60	0.87	2.84
9	199364.5	201867.5	201607.4	3.28	0.83	0.39
10	198622.5	189937.8	195406.6	3.64	6.69	3.45
11	193334.2	188448.4	192987.1	6.21	7.42	4.65
12	192104.8	172217.6	186851.4	6.80	*15.40*	7.68
平均值	206124.6548	203562.095	202394.6243			

【解】 首先，计算每一微板上 12 个空白的 RLU 数据的平均值，结果列入表 1.2 的最后一行。然后，以每一微板的空白平均值为基础，计算该微板各空白 RLU 的变化率，结果也列入表 1.2 中。如计算微板 1 第 1 个空白 RLU 的变化率 Var

如下：

$$\mathrm{Var}_{1,1}=\frac{\mathrm{RLU}_{1,1}-\overline{\mathrm{RLU}_1}}{\overline{\mathrm{RLU}_1}}=\frac{208202.7-206124.6548}{206124.6548}\times 100=-1.01$$

同理，可计算微板 1 其他 11 个空白 RLU 的相对变化率数据。

微板 2 和微板 3 中各 12 个空白 RLU 变化率计算分别以微板 2 和微板 3 的平均 RLU 为基础进行计算。

所有百分变化率结果均列入表 1.2 中。由表可知，变化率大于 10%的只有 2 个数据（表 1.2 中斜体数字），说明 MTA 法测试发光菌发光抑制毒性是非常可靠的，测试偏差一般在 ±10%以内。若以发光抑制率为纵坐标，浓度的对数为横坐标，绘制敌敌畏对发光菌的剂量–效应关系如图 1.7 所示。图中每一个实圆表示某浓度梯度下从一块 96 孔微板上实测的 3 次平行的 RLU 数据计算的发光抑制率，重复 3 个微板，即每个浓度梯度下有 3 个实圆。空圆是指各空白相对于相应微板上 12 个空白平均 RLU 的变化率，每微板有 12 个变化率，重复 3 板则有 36 个空圆。

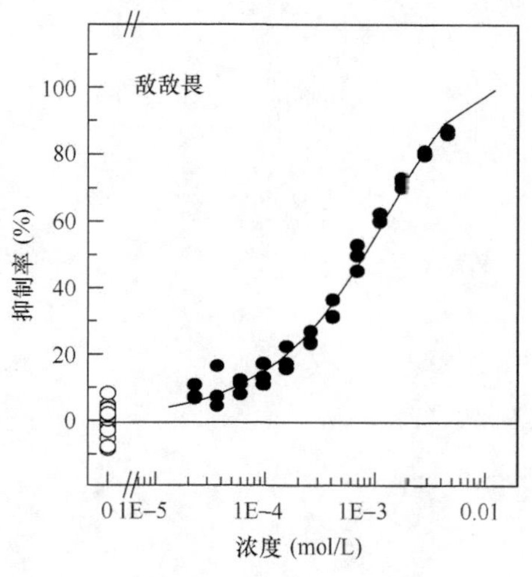

图 1.7 敌敌畏对青海弧菌 Q67 的剂量–效应关系

实线表示拟合曲线，实圆表示某浓度实测发光抑制率，空圆表示空白变化率

1.6 本书各章内容简介

本书共分 7 章。第 1 章在简介化学混合物毒性研究基本概况后推出混合物体系、混合物射线与实体混合物点概念，并对混合物毒性与毒性相互作用、剂量–效应关系与剂量–效应数据采集等基本问题进行介绍。第 2 章在介绍剂量–效应曲

线类型基础上，描述线性剂量–效应曲线的建模方法，讨论单调非线性剂量–效应曲线的常用非线性函数及常见建模方法，特别讨论了观测置信区间的构建。最后简单介绍 NOEC 概念与替代量。第 3 章混合物设计是本书最具特色的章节，重点介绍我们课题组提出的 EquRay 法和 UD-Ray 法的基本原理与应用实例，同时讨论文献中固定比射线设计（FRRD）法。第 4 章将浓度加和、独立作用和效应相加等加和参考模型统一起来，集中讨论基于实验浓度与基于指定效应从单个组分剂量–效应信息求解加和模型预测效应与预测浓度从而构建混合物预测剂量–效应曲线（CRC）的方法。第 5 章在第 4 章加和参考模型预测 CRC 基础上，从整条混合物 CRC 上分析不同浓度水平下混合物的毒性相互作用（协同、加和与拮抗）。同时给出评估混合物毒性的定量方法即组合指数方法，最后介绍等效线图。第 6 章将多种单效应水平的混合物毒性指数方法推广至多效应水平，包括以毒性单位法为基础的经典联合作用指数、CAI 与 EAI 指数、基于浓度与效应的毒性相互作用指数。第 7 章简单介绍一下作者发展的化学混合物毒性评估与预测软件 APTox 的主要功能、最重要的输入数据文件以及从原始毒性测定的剂量–效应数据如何绘制等效线图的应用实例。

第 2 章　剂量–效应模型

2.1　引　　言

化学物质或化学混合物对某生物靶产生的生物效应或毒性大小随该化学物质或混合物的剂量（dose）或浓度（concentration）之间的变化关系称为剂量–效应关系（dose-effect relationship）或浓度–响应关系（concentration-response relationship）。如果以浓度或剂量为横坐标，以效应或毒性为纵坐标作图得到的曲线称为剂量–效应曲线或浓度–响应曲线（统称 CRC）。对于环境污染物或药物对某特定生物靶的剂量–效应曲线大多为单调的“S”形曲线（S-shaped curve）。近年来有很多关于非单调非线性 CRC 的报道，其中最多的是低剂量刺激与高低量抑制的所谓 Hormesis 现象，其 CRC 形状类似于字母 J，故也常称为“J”形曲线（J-shaped curve）。用于描述“S”形曲线的非线性函数有 Logit 函数、Weibull 函数和简化的 Hill 函数等。用于描述“J”形曲线的函数主要是 5 参数或 7 参数的双相函数（biphasic curve）等。

本章首先简要回顾一下 CRC 的类型，接着介绍几个双参数“S”形函数模型，重点介绍“S”形函数建模方法（线性与非线性方法），再给出 CRC 的置信区间，最后讨论无观测效应浓度（no observed effect concentration，NOEC）和其替代量的研究。

2.2　剂量–效应曲线类型

污染物的剂量–效应曲线或 CRC 有多种类型，一般可分为线性型（也称直线型）与非线性型 CRC 两大类。其中非线性型又分为单调非线性型（monotonic non-linear CRC）与非单调非线性型（non-monotonic non-linear CRC）两类。单调非线性型又包括 Sigmoid 型或“S”形 CRC、渐近线（asymptote）型 CRC、阈值（threshold）型 CRC 及其他类型。在环境毒理学领域，化学物质（污染物）及其混合物大多具有“S”形 CRC，这些 CRC 可以用多个非线性函数有效描述，考虑实验工作的难度，常常只能对 6～8 最多 10 余个不同浓度进行毒性效应测试，因此最常用的是双参数非线性函数，比如 Logit 函数与 Weibull 函数等。非单调非线性型 CRC 包括具有 2 个拐点的 Hormesis 曲线或双相曲线或“J”形曲线、“U”形与倒“U”形曲线以及具有多个拐点的其他非单调非线性型的 CRC 类型。几种典型 CRC 的类型示意如图 2.1。

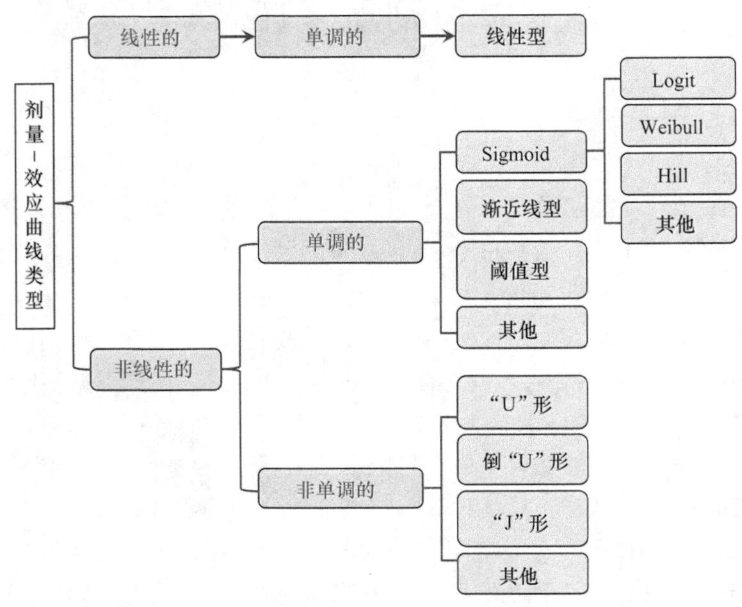

图 2.1　剂量（dose）–效应（effect）曲线常见类型

2.2.1　线性型剂量–效应关系

线性型剂量–效应关系是指化学物质（污染物或毒物）的效应随其浓度的增加而线性增加或线性减少。有些污染物在整个实验浓度范围内其效应随浓度的变化是线性的或者近似线性的［图 2.2（a）］。更多的污染物只在一定浓度范围内其效应随浓度的变化才是线性的，或随浓度的对数的变化是线性的或近似线性的［图 2.2（b）］。因为可用线性函数描述，只需简单的检测 5～6 个浓度梯度对生物靶的效应就可获得剂量–效应关系，通过线性最小二乘拟合得到回归系数（regression coefficients，*a* 和 *b*），进而非常方便地求得半数效应浓度 EC_{50} 等特征毒性参数。

2.2.2　“S”形剂量–效应关系

“S”形剂量–效应关系也称 Sigmoid 型剂量–效应关系，是指污染物效应随浓度的变化曲线形如横着写的大写字母 S，即 Sigmoid 函数描述的形状（图 2.3）。它是一种单调的非线性型关系，即污染物效应随浓度的增加而单调增加或效应随

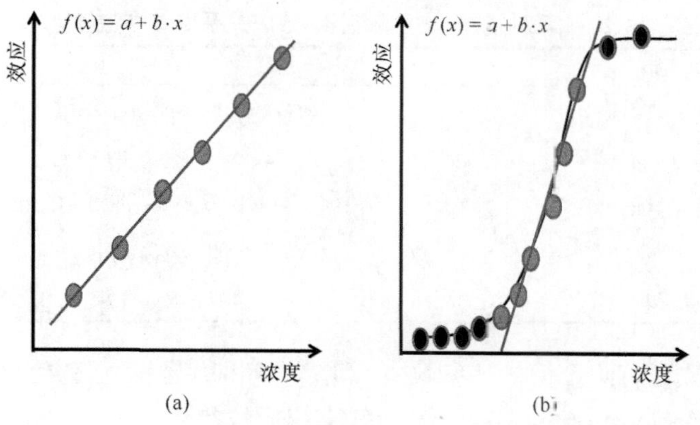

图 2.2 线性 CRC 示意图

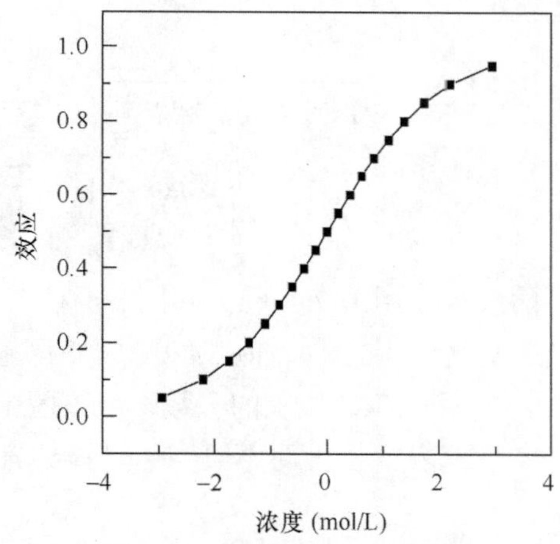

图 2.3 Sigmoid 函数的图形表达

浓度的增加而单调减少。换句话说，在 CRC 上任意点斜率不会改变符号。Sigmoid 函数的解析式如式（2.1）所示。

$$S(x)=\frac{1}{1+\mathrm{e}^{-x}} \tag{2.1}$$

描述“S”形 CRC 的非线性函数有多个，包括两参数和三参数函数（Scholze et al.，2001）。由于毒性实验不可能无限期增加实验浓度点，所以两参数函数用得最为普遍。最常用的是用于描述对称的“S”形 CRC 的 Logit 函数（Probit 函数也可描述），描述非对称的“S”形 CRC 的 Weibull 函数以及还有简化后的 2 参数 Hill 函数。比较经典的 3 参数（α、β 和 γ）模型参见表 2.1。

表 2.1 几种描述“S”形剂量–效应关系的 3 参数模型

函数类型	解析式
Generalised Logit	$f(x)=1/(1+\exp[-\alpha-\beta\times\lg(x)])^{\gamma}$
Generalised Logit 2	$f(x)=1/(1+\exp[\alpha+\beta\times\lg(x)])^{\gamma}$
Box-cox-Logit	$f(x)=[1+\exp(-\alpha-\beta[(x^{\gamma}-1)/\gamma])]$
Box-cox-Weibull	$f(x)=1-\exp[-\exp(\alpha+\beta[(x^{\gamma}-1)/\gamma])]$
Aranda-Ordaz	$f(x)=1-1/(1+\exp[\alpha+\beta\times\lg(x)]/\gamma)^{\gamma}$

Logit 函数含有两个待估计参数（α和β），分别用于表征 CRC 的位置与形状，称为位置参数（location parameter）与斜率或形状参数（slope/shape parameter），函数形式如式（2.2a）所示，相应的反函数如式（2.2b）。从这个函数可知，效应即f（x）的取值范围为（0，1）。

$$f(x)=\frac{1}{1+\exp(-[\alpha+\beta\cdot\lg(x)])} \tag{2.2a}$$

$$x=10^{\left[\ln\left(\frac{f(x)}{1-f(x)}\right)-\hat{\alpha}\right]/\hat{\beta}}=\text{power}\left(\left[\ln\left(\frac{f(x)}{1-f(x)}\right)-\hat{\alpha}\right]/\hat{\beta}\right) \tag{2.2b}$$

α和β取值对 CRC 的影响可用图 2.4（a）和图 2.4（b）说明。

固定α = 5，β从 1.3 变化到 3.3 时，描述的 CRC 变得越来越陡即斜率越来越大［图 2.4（a）］。虽然α是表征 CRC 位置的参数，但该图中 5 条曲线的位置并不同，所以位置参数只是定性地表征位置而不等同于具体位置，这与简化 Hill 函数中的位置参数是不一样的。

固定β= 2.3，α从 5 变化到 8 时，描述的 CRC 平行向左边移动，而曲线的斜率不变［图 2.4（b）］。该图中两个参数的物理意义均比较明确，即α的变化反映了 CRC 位置的变化，固定的β有固定的斜率或形状。

Weibull 函数也含有两个待估计参数（α和β），同样用于表征 CRC 的位置与形状，也称为位置参数与斜率或形状参数，函数形式如式（2.3a）所示，相应的反函数如式（2.3b）。

$$f(x)=1-\exp(-\exp[\alpha+\beta\cdot\lg(x)]) \tag{2.3a}$$

$$x=10^{[\ln(-\ln[1-f(x)])-\hat{\alpha}]/\hat{\beta}}=\text{power}\left([\ln(-\ln[1-f(x)])-\hat{\alpha}]/\hat{\beta}\right) \tag{2.3b}$$

α和β取值对 CRC 的影响可用图 2.5（a）和图 2.5（b）说明。

固定α = 5，β从 1.3 变化到 3.3 时，描述的 CRC 变得越来越陡即斜率越来越大［图 2.5（a）］。固定的α并没有反映 CRC 位置不变，β的变化反映了 CRC 斜率的变化。

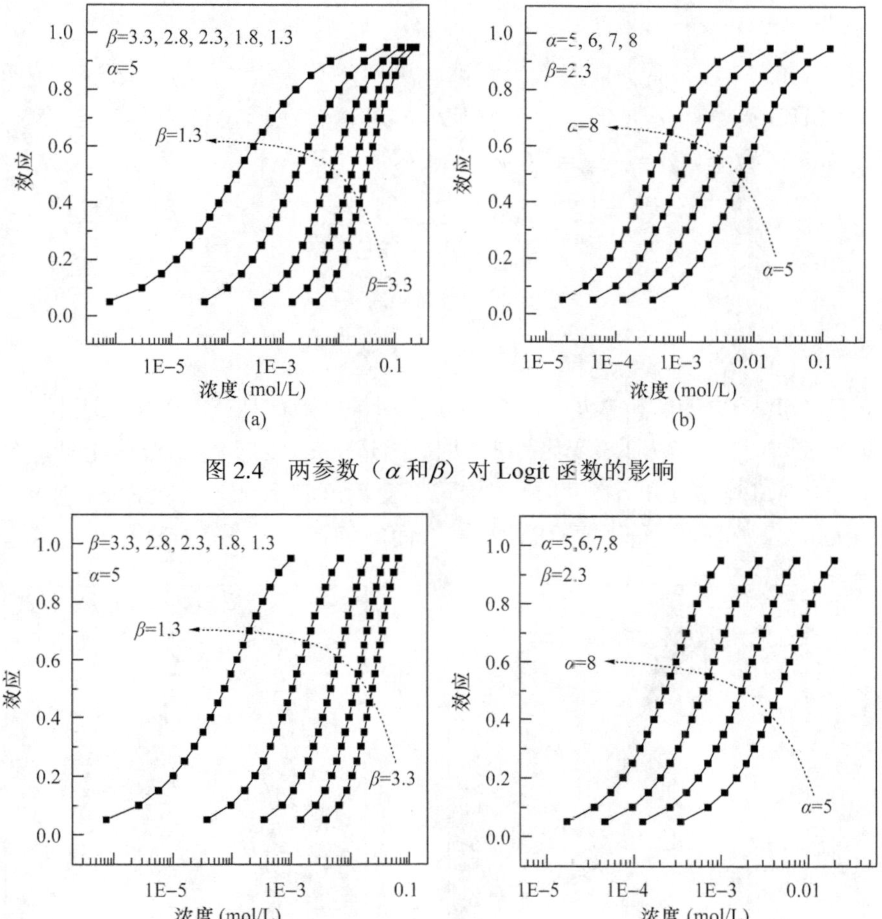

图 2.4　两参数（α 和 β）对 Logit 函数的影响

图 2.5　两参数（α 和 β）对 Weibull 函数的影响

固定 $\beta = 2.3$，α 从 5 变化到 8 时，描述的 CRC 平行向左边移动，而曲线的斜率不变［图 2.5（b）］。α 的变化反映了 CRC 位置的变化，固定的 β 有固定的斜率。

简化的 Hill 函数来自于毒理学著名的四参数方程（Finney, 1976; Beckon et al., 2008）：

$$f(x) = \frac{A - D}{1 + (x / \mathrm{EC}_m)^{\beta}} + D \tag{2.4}$$

式中，A 为 CRC 中最大效应，D 为最小效应。EC_m 也是位置参数，但不像 Logit 函数和 Weibull 函数中的 α，该 EC_m 有明确的物理意义，就是毒理学中最常用的毒性参数即半数效应浓度，即对应效应 $(A - D)/2$ 时的浓度。β 也称为斜率参数，同样表征 CRC 的斜率变化。

当 $A=1$ 且 $D=0$ 时，四参数方程简化为两参数方程，称为简化 Hill 函数。此时，简化 Hill 函数就可与 Logit 函数和 Weibull 函数在形式和参数上统一起来了。在简化 Hill 函数中，$\alpha=\mathrm{EC}_m=\mathrm{EC}_{50}$。

$$f(x)=\frac{1}{1+\left(x/\mathrm{EC}_m\right)^{\beta}} \tag{2.5a}$$

$$x=\left(\frac{1-f(x)}{f(x)}\right)^{1/\hat{\beta}}\cdot \mathrm{EC}_m \tag{2.5b}$$

简化 Hill 函数的解析式如式（2.5a）所示，反函数如式（2.5b）所示。

固定$\alpha=1\mathrm{E}{-5}$，β从 1.3 变化到 3.3 时，描述的 CRC 变得越来越陡即斜率越来越大［图 2.6(a)］。固定的α在 CRC 中位置不变，β的变化反映了 CRC 斜率的变化。同样固定$\beta=2.3$ 时，α变化使 CRC 左移，而斜率不变［图 2.6(b)］。

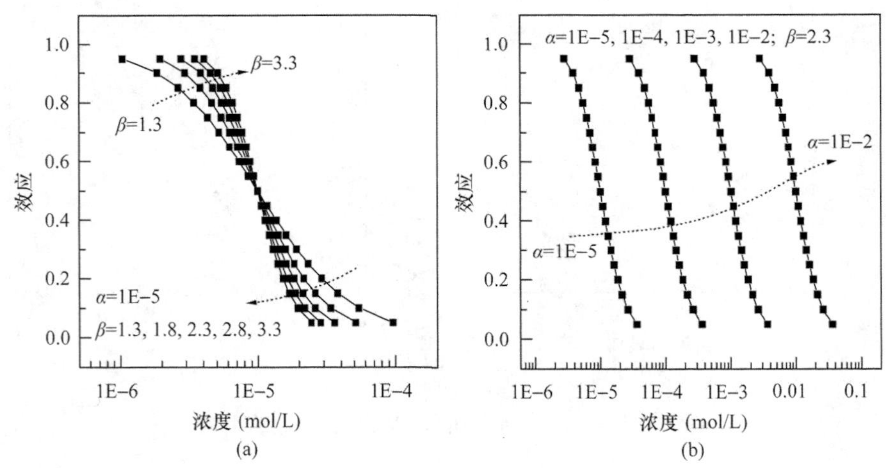

图 2.6　两参数（α 和β）对简化 Hill 函数的影响

2.2.3　“J”形剂量–效应关系

“J”形剂量–效应曲线是非单调非线性剂量–效应关系之一，特指其形状如字母 J，具有 1 个极值点的 CRC（图 2.7），常常用来描述低剂量刺激与高剂量抑制的所谓 Hormesis 现象。在极值点左边，效应随浓度的增加而减少，在极值点右边，效应随浓度增加而增大。在这个极值点，效应为最小，用 m 表示。“J”形 CRC 通常用 5 参数双相函数（biphasic function）描述：

$$f(x)=m-\frac{m}{1+10^{b(x-a)}}+\frac{1-m}{1+10^{q(p-x)}} \tag{2.6}$$

式中，参数 a 与 b 表征极值点（EC_m，m）左边低剂量段的半数效应浓度与斜率，p 与 q 表征极值点右边的半数效应浓度与斜率。为了明确刺激效应与抑制效应的区域，还有一个零效应浓度点（zero effective concentration point，ZEP）。一个“J”形 CRC 的实例描述见图 2.7。ZEP 下方为刺激效应区（或负效应区），ZEP 上方为抑制效应区（或正效应区）。应该指出，五个参数虽然明确了相关物理意义，但也只能说是表征相关物理量，不一定等价于实际物理量（类似于 Logit 和 Weibull 函数中的α和 β），如最小效应参数 $m = -0.450$，但在“J”形曲线上的最低点实验效应是–0.283；p 参数对应 EC_{50}，其值为 7.364E–2，但实验 EC_{50} 为 9.102E–2。

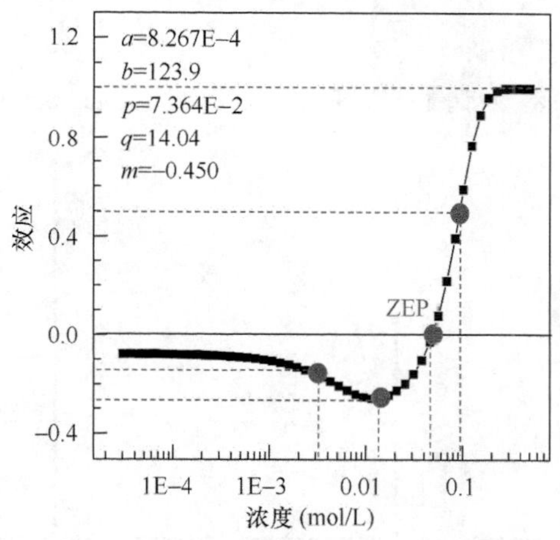

图 2.7　五参数双相曲线描述 Hormesis 现象

2.2.4　其他类型剂量–效应关系

单调非线性 CRC 除“S”形 CRC 外，代表性的还有渐近线（asymptote）型 CRC 和阈值（threshold）型 CRC 等，实际情况下当然还有不能归类为已有类型的 CRC。对于渐近线型 CRC，其效应先随浓度的增加而单调增加，当浓度增加到一定程度时，效应趋近于一渐近线［图 2.8（a）］。对于阈值型 CRC，其效应先随浓度的降低而单调减少，当浓度低于某一浓度（称阈值浓度），效应不再变化［图 2.8（b）］。图 2.8（c）给出了一种不能归类到指定类型的单调非线性 CRC 实例。

非单调非线性 CRC 是指该曲线的斜率在某一点或几个点发生符号改变。除了“J”形曲线外，报道较多的是“U”形或倒“U”形，甚至有多个极值点的 CRC（图 2.9）。

自 2001 年在美国环境保护署（EPA）要求下国家毒理学计划专家组对低剂量内分泌干扰物（EDCs）相关文献进行评述（Melnick et al.，2002）以来，低剂量范围产生的非单调剂量–响应曲线（non-monotonic dose-response curve，NMDRC）

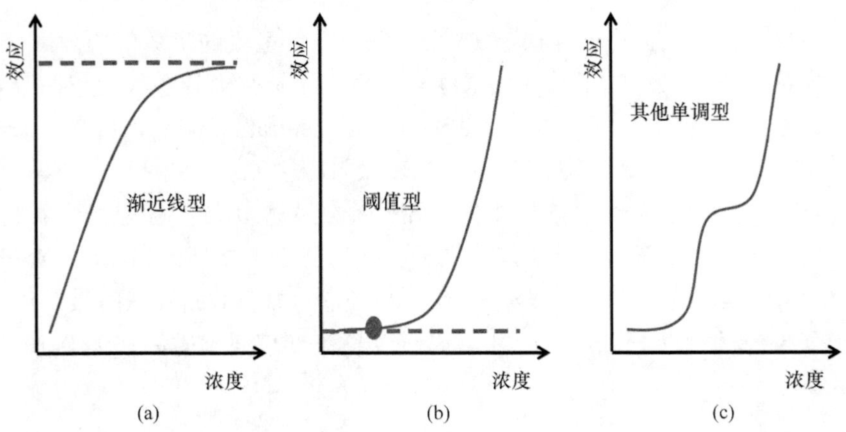

图 2.8　单调非线性剂量（dose）–效应（effect）曲线

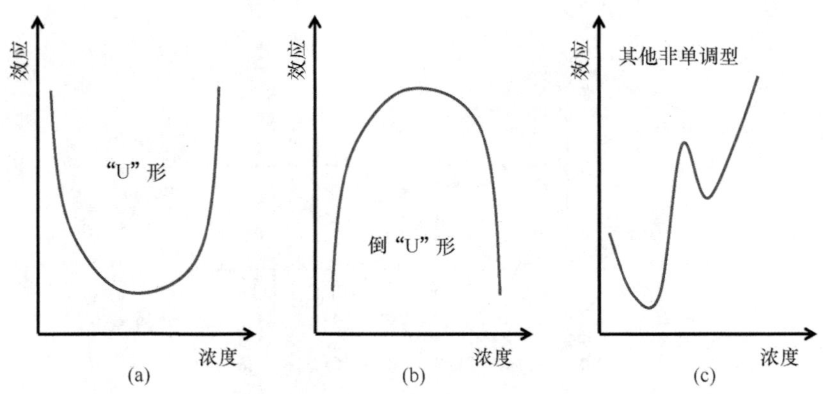

图 2.9　非单调非线性剂量（dose）–效应（effect）曲线

不断被发现，使得剂量决定效应的单调剂量–效应曲线的传统毒理学观点受到质疑，正在挑战基于阈值模型的风险评估程序。对于具有 NMDRC 特征的污染物，应用从高剂量药理学或毒理学范围研究确定的最大无观测效应浓度（NOEC）来推测低剂量生理学范围的所谓安全剂量或参考剂量的经典方法不再适用。开展 NMDRC 污染物筛选及相关机理研究，以期发展新的基于低剂量范围直接检测结果的标准程序具有重要意义。

2.3　剂量–效应模型

2.3.1　线性模型

对于线性 CRC 或可以转换为线性的非线性 CRC，可以采用线性最小二乘法建立 CRC 模型，即求得 CRC 函数的回归参数。经毒性实验获得 n 个浓度–效应数据$[(x_i, f(x_i)), i = 1, 2, \cdots, n]$，设效应 $f(x)$随浓度 x 的变化呈线性关系：

$$f(x) = y = a + b \cdot x \tag{2.7}$$

式中，a 和 b 称为回归系数。为了获得 $f(x)$随浓度 x 的变化规律，进而获得任意效应下的浓度或任意浓度下的效应，必须求得这两个回归系数，即建立式（2.6）所示的线性模型。n 个浓度–效应数据对应 n 个线性方程，求得回归系数 a 和 b 的方程组构成所谓的矛盾方程组，a 和 b 可通过线性最小二乘法获得其近似解（也是最优解）。

根据线性最小二乘原理，在相同实验浓度下，所有实验效应（平均值）点到这条直线的距离最短时对应的 a 和 b 是最优的，即

$$Q(a,b) = \sum_{i=1}^{n} (\hat{y}_i - y_i)^2 = \sum_{i=1}^{n} (a + b \cdot x_i - y_i)^2 \to \min \tag{2.8}$$

即

$$\begin{aligned} \frac{\partial Q}{\partial a} &= 2\sum_{i=1}^{n} (a + b \cdot x_i - y_i) = 0 \\ \frac{\partial Q}{\partial b} &= 2\sum_{i=1}^{n} (a + b \cdot x_i - y_i) \cdot x_i = 0 \end{aligned} \tag{2.9}$$

解上述二元一次方程组，可得

$$\begin{aligned} b &= \frac{\sum_{i=1}^{n} (x_i \cdot y_i) - \frac{1}{n}\sum_{i=1}^{n} x_i \cdot \sum_{i=1}^{n} y_i}{\sum_{i=1}^{n} x_i^2 - \frac{1}{n}(\sum_{i=1}^{n} x_i)^2} \\ a &= \frac{1}{n}(\sum_{i=1}^{n} y_i - b \cdot \sum_{i=1}^{n} x_i) \end{aligned} \tag{2.10}$$

如果记

$$L_{xy} = \sum_{i=1}^{n} (x_i \cdot y_i) - \frac{1}{n}\sum_{i=1}^{n} x_i \cdot \sum_{i=1}^{n} y_i \tag{2.11a}$$

$$L_{xx} = \sum_{i=1}^{n} x_i^2 - \frac{1}{n}(\sum_{i=1}^{n} x_i)^2 \tag{2.11b}$$

$$L_{yy} = \sum_{i=1}^{n} y_i^2 - \frac{1}{n}(\sum_{i=1}^{n} y_i)^2 \tag{2.11c}$$

那么，b 可简写为

$$b = \frac{L_{xy}}{L_{xx}} \tag{2.12}$$

应该指出，任何一组浓度–效应数据点都可按式（2.10）计算出相应的回归系数。换句话说，这些实验点在不在回归直线上都可以求得最优的 a 和 b。相关系数 R 或均方根误差（root mean square error，RMSE）可以用来评估这些实验点是否真正地逼近一条直线。

$$R = \frac{L_{xy}}{\sqrt{L_{xx} \cdot L_{yy}}} \tag{2.13}$$

相关系数（correlation coefficient）的平方称为决定系数（determination coefficient）。当 R 大于 0 时称正相关，此时效应随浓度的增加而增加，回归直线斜率为正。当 R 小于 0 时为负相关，此时效应随浓度的增加而减少，回归直线斜率为负。当 R^2 等于 1 时，所有实验点都在回归直线上，由回归方程计算的效应值与实验值相等，没有任何误差，即均方根误差（RMSE）等于 0。RMSE 定义如下：

$$\text{RMSE} = \sqrt{\frac{\sum_{i=1}^{n}(\hat{y}_i - y_i)^2}{n}} = \sqrt{\frac{\sum_{i=1}^{n}(a + b \cdot x_i - y_i)^2}{n}} \tag{2.14}$$

RMSE 越小，计算值与实验值的差越小，实验点越接近于回归直线。

【例 2.1】 应用 MTA 法测试吡虫啉对青海弧菌 Q67 的发光抑制效应(Liu et al., 2015a)，实验获得的 12 个不同浓度下的效应数据如表 2.2 所示。表 2.2 中第 2 列是实验浓度，x_1、x_2 和 x_3 分别是各浓度下由 MTA 测试的发光抑制毒性的 3 次重复结果，第 6 列是 3 次效应平均值（$\bar{x}$）。如何求得线性模型的回归系数 a 和 b 以及相关系数与均方根误差?

表 2.2 吡虫啉对发光菌的发光抑制率的实验测定结果

编号	浓度（mol/L）	x_1	x_2	x_3	$\bar{x}$
1	2.120E–5	0.0080	0.0197	0.0123	0.0133
2	2.936E–5	0.0471	0.0554	0.0639	0.0555
3	4.078E–5	0.0679	0.1154	0.1142	0.0992
4	5.709E–5	0.0811	0.1038	0.1255	0.1035
5	8.155E–5	0.1236	0.1438	0.1581	0.1418
6	1.142E–4	0.1764	0.1694	0.1784	0.1747
7	1.550E–4	0.2608	0.2614	0.2135	0.2452
8	2.120E–4	0.3427	0.3383	0.3404	0.3405
9	3.017E–4	0.4280	0.4212	0.4142	0.4211
10	4.159E–4	0.5017	0.4723	0.4524	0.4755
11	5.872E–4	0.5807	0.5468	0.5546	0.5607
12	8.155E–4	0.6912	0.6458	0.6505	0.6625

【解】 由这 12 个浓度（x_i）–效应（y_i）数据所做的散点图如图 2.10（a）（常规浓度尺度）和图 2.10（b）（对数浓度尺度）所示。从图 2.10（a）可知，除了高浓度的 3 个点外，其余 9 个点基本在一条直线上。从图 2.10（b）可知，除开始 5 个低浓度点外，其余 7 个点基本在一条直线上。

以图 2.10 中的效应随浓度或浓度对数的线性变化部分为例，简要说明通过最小二乘法求解回归直线的 2 个回归系数 a 和 b，进而建立线性模型的过程。

（1）建立浓度线性模型

从图 2.10（a）可看出，表 2.2 中中间 7 个（$n = 7$）实验浓度–效应数据散点基本在一条直线上，取这 7 个点为数据集建立线性模型。

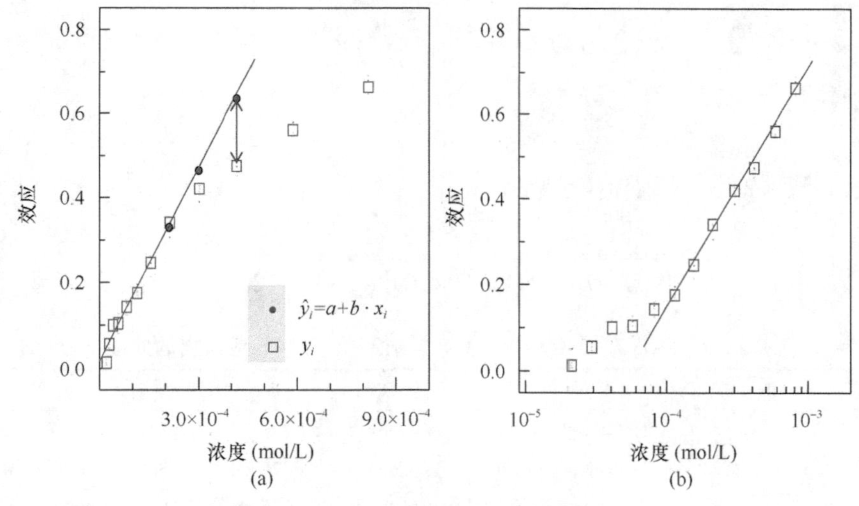

图 2.10　线性回归原理示意图

（a）常规浓度尺度；（b）对数浓度尺度

设这 7 个（$n = 7$）实验浓度–效应数据散点即第 3 点到第 9 点等 7 个（c_i，x_i）满足线性模型：

$$\hat{x} = a + b\cdot c \tag{2.15}$$

式中，x 和 c 为效应与浓度，a 和 b 为回归系数。

为了减少线性模型拟合误差，以实验浓度（c_i，$i = 1, 2, 3, \cdots, 7$）和平均效应（$\overline{x}_i$，$i = 1, 2, 3, \cdots, 7$）为训练集（training set）建立线性模型。设 $X = c$ 和 $Y = \overline{x}$，经列表计算可得对应的各 7 个 XX、YY 和 XY，进而求得 5 个加和，即$\sum X$、$\sum Y$、$\sum XY$、$\sum XX$ 和$\sum YY$，结果列入表 2.3 中第 4 列～第 8 列。

利用表 2.3 中的加和数据，可根据式（2.11）计算 L_{xy}、L_{xx} 和 L_{yy} 的值如下：

$$L_{xy}=\sum_{i=1}^{n}(x_i\cdot y_i)-\frac{1}{n}\sum_{i=1}^{n}x_i\cdot\sum_{i=1}^{n}y_i$$

$$=\sum XY-\frac{1}{7}\cdot\sum X\cdot\sum Y=2.787\times10^{-4}-\frac{1}{7}\times9.623\times10^{-4}\times1.526=6.891\times10^{-5}$$

$$L_{xx}=1.846\times10^{-7}-9.623\times10^{-4}\times9.623\times10^{-4}/7=5.231\times10^{-8}$$

$$L_{yy}=4.246\times10^{-1}-1.526\times1.526/7=0.091932$$

根据式（2.12）及式（2.10）可求得回归系数 a 和 b：

$$b=\frac{L_{xy}}{L_{xx}}=\frac{6.891\times10^{-5}}{5.231\times10^{-8}}=1317.33$$

$$a=\frac{1}{n}(\sum_{i=1}^{n}y_i-b\cdot\sum_{i=1}^{n}x_i)=\frac{1}{7}\cdot(1.526-1317.33\times9.623\times10^{-4})=0.03690$$

则回归方程为

$$\hat{x}=0.03690+1317.33\cdot c \tag{2.16}$$

根据式（2.13）可求得模型估计相关系数 R：

$$R=\frac{L_{xy}}{\sqrt{L_{xx}\cdot L_{yy}}}=\frac{6.891\times10^{-5}}{\sqrt{5.231\times10^{-8}\times0.091932}}=0.9937$$

表 2.3　线性方程（ $\hat{x}=a+b\cdot c$ ）对实验浓度–效应数据的处理

编号	浓度（mol/L）	$\overline{x}$	$X=c$	$Y=\overline{x}$	XX	XY	YY	$\overline{x}$	$\hat{x}-\overline{x}$
1	2.120E–05	0.0133	*2.120E–05*	*0.0133*	*4.494E–10*	*2.820E–07*	*0.000177*	*0.0648*	*0.0515*
2	2.936E–05	0.0555	*2.936E–05*	*0.0555*	*8.620E–10*	*1.629E–06*	*0.003080*	*0.0756*	*0.0201*
3	4.078E–05	0.0992	4.078E–05	0.0992	1.663E–09	4.045E–06	0.009841	0.0906	–0.0086
4	5.709E–05	0.1035	5.709E–05	0.1035	3.259E–09	5.909E–06	0.010712	0.1121	0.0086
5	8.155E–05	0.1418	8.155E–05	0.1418	6.650E–09	1.156E–05	0.020107	0.1443	0.0025
6	1.142E–04	0.1747	1.142E–04	0.1747	1.304E–08	1.995E–05	0.030520	0.1873	0.0126
7	1.550E–04	0.2452	1.550E–04	0.2452	2.403E–08	3.801E–05	0.060123	0.2411	–0.0041
8	2.120E–04	0.3405	2.120E–04	0.3405	4.494E–08	7.219E–05	0.115940	0.3162	–0.0243
9	3.017E–04	0.4211	3.017E–04	0.4211	9.102E–08	1.270E–04	0.177325	0.4344	0.0133
10	4.159E–04	0.4755	*4.159E–04*	*0.4755*	*1.730E–07*	*1.978E–04*	*0.226100*	*0.5848*	*0.1093*
11	5.872E–04	0.5607	*5.872E–04*	*0.5607*	*3.448E–07*	*3.292E–04*	*0.314384*	*0.8105*	*0.2498*
12	8.155E–04	0.6625	*8.155E–04*	*0.6625*	*6.650E–07*	*5.403E–04*	*0.438906*	*1.1113*	*0.4488*
		SUM（3～9）	9.623E–04	1.5260	1.846E–07	2.787E–04	4.246E–01	1.5260	

注：表中斜体数字表示未参与模型构建。SUM（3～9）表示第 3 行至第 9 行对应数据之和

将表 2.2 中的各个实验浓度代入方程（2.16）可求得相应的各个拟合效应，结

果见表 2.3。在表 2.3 中，由式（2.16）计算的第 3～9 个效应是模型估计值，而其他 5 个效应则是模型预测值。

由表 2.3 中的估计值与实验值之间的偏差数据可根据式（2.14）计算均方根误差 RMSE 为

$$\mathrm{RMSE}=\sqrt{\frac{\sum_{i=1}^{n}(\hat{y}_i-y_i)^2}{n}}$$

$$=\sqrt{\frac{(-0.0086)^2+0.0086^2+0.0025^2+0.0126^2+(-0.0041)^2+(-0.0243)^2+0.0133^2}{7}}$$

$$=0.01252\qquad(n=7)$$

由相关系数和均方根误差结果可知，线性方程式（2.16）有良好的估计能力。然而，从表 2.3 可知，对模型外的 5 个点的预测多有较大偏离（参见表 2.3 中斜体数据）。这说明一个模型虽然有良好的估计能力，但不一定有良好的预测能力。

（2）建立浓度对数线性模型

从图 2.10（b）可看出，表 2.2 中后面 7 个（$n = 7$）实验浓度–效应数据散点即第 6～12 点等 7 个（c_i，x_i）基本在一条直线上，取这 7 个点为训练集建立线性模型：

$$\hat{x}=a+b\cdot\lg(c)\tag{2.17}$$

根据式（2.10）～式（2.14）计算各种加和、L_{xy}、L_{xx}和 L_{yy} 等中间值（参见表 2.4），进而求得回归系数 a 和 b，得到如下回归方程：

$$\hat{x}=2.3679+0.55567\cdot\lg(c)\tag{2.18}$$

代入式（2.13）可求得模型估计相关系数 R：

$$R=0.9979\qquad(n=7)$$

将表 2.2 中的各个实验浓度代入方程（2.18）可求得相应的各个效应，结果见表 2.4。表 2.4 中由式（2.18）计算的各个效应中第 6～12 个效应是模型估计值，而开始 5 个效应则是模型预测值。

由表 2.4 中的估计值与实验值之间的偏差数据可计算均方根误差为

$$\mathrm{RMSE}=0.01045\qquad(n=7)$$

从表 2.4 可知，线性方程（2.18）对训练集的 7 个浓度点的效应有良好的估计能力（R 达 0.9979 及 RMSE 低至 0.01045）。然而，对没有参加浓度对数模型的 5 个浓度点效应的预测多有较大偏离（参见表中斜体数据）。这再次说明一个模型虽然有良好的估计能力，但不一定有良好的预测能力。

表 2.4　线性方程［ $\hat{x}=a+b\cdot \lg(c)$ ］对实验浓度–效应数据的处理

编号	浓度（mol/L）	$\bar{x}$	X=lg(c)	$Y=\bar{x}$	XX	XY	YY	$\bar{x}$	$\hat{x}-\bar{x}$
1	2.120E–05	0.0133	*–4.674E+00*	*0.0133*	*2.184E+01*	*–6.216E–02*	*0.000177*	*–0.2291*	*–0.2424*
2	2.936E–05	0.0555	*–4.532E+00*	*0.0555*	*2.054E+01*	*–2.515E–01*	*0.003080*	*–0.1505*	*–0.2060*
3	4.078E–05	0.0992	*–4.390E+00*	*0.0992*	*1.927E+01*	*–4.354E–01*	*0.009841*	*–0.0712*	*–0.1704*
4	5.709E–05	0.1035	*–4.243E+00*	*0.1035*	*1.801E+01*	*–4.392E–01*	*0.010712*	*0.0099*	*–0.0936*
5	8.155E–05	0.1418	*–4.089E+00*	*0.1418*	*1.672E+01*	*–5.798E–01*	*0.020107*	*0.0960*	*–0.0458*
6	1.142E–04	0.1747	–3.942E+00	0.1747	1.554E+01	–6.887E–01	0.030520	0.1773	0.0026
7	1.550E–04	0.2452	–3.810E+00	0.2452	1.451E+01	–9.341E–01	0.060123	0.2510	0.0058
8	2.120E–04	0.3405	–3.674E+00	0.3405	1.350E+01	–1.251E+00	0.115940	0.3266	–0.0139
9	3.017E–04	0.4211	–3.520E+00	0.4211	1.239E+01	–1.482E+00	0.177325	0.4117	–0.0094
10	4.159E–04	0.4755	–3.381E+00	0.4755	1.143E+01	–1.608E+00	0.226100	0.4892	0.0137
11	5.872E–04	0.5607	–3.231E+00	0.5607	1.044E+01	–1.812E+00	0.314384	0.5724	0.0117
12	8.155E–04	0.6625	–3.089E+00	0.6625	9.539E+00	–2.046E+00	0.438906	0.6517	–0.0108
		SUM（6～12）	–2.465E+01	2.8802	8.736E+01	–9.822E+00	1.363300	2.8798	–0.0004

注：表中斜体数字表示未参与模型构建。SUM（6～12）表示第 6 行至第 12 行数据之和

2.3.2　拟线性化模型

由散点图可知，污染物或毒物的毒性效应不是在所有浓度范围内都是与浓度线性相关的［图 2.10（a)］，也不是与浓度对数线性相关的［图 2.10（b)］。大多数 CRC 呈单调非线性“S”形曲线，可用双参数的 Logit［式（2.2)］、Weibull［式（2.3)］及简化的 Hill［式（2.5)］函数等来有效描述，这些函数中效应随浓度的变化关系都是单调的非线性函数。常常采用非线性最小二乘拟合直接求得各回归参数。有些情况下，也可进行拟线性化后做线性最小二乘拟合。即先对非线性函数进行初等变换转换为线性函数，进而利用新的因变量与自变量之间的线性关系进行线性拟合求得回归参数，最后做适当变换求得原始位置参数（α）与形状参数（β）。

1. 双参数 Logit 函数

对于单调非线性 Logit 函数，经过以下简单处理可将非线性关系变换为线性关系，即进行拟线性化。Logit 函数［式(2.2a)］为

$$f(x)=\frac{1}{1+\exp(-[\alpha+\beta\cdot\lg(x)])}$$

令 $f(x)=y$，方程两边求倒数并将右边常数 1 移至方程左边，整理得

$$\frac{1-y}{y}=\exp(-[\alpha+\beta\cdot\lg(x)])$$

两边取自然对数并整理得

$$\ln y-\ln(1-y)=\alpha+\beta\cdot\lg(x) \tag{2.19}$$

令 $Y=\ln y-\ln(1-y)$ 为新的因变量， $X=\lg x$ 为新的自变量，则有

$$Y=\alpha+\beta\cdot X$$

这就是新的线性方程，位置参数（α）与形状参数（β）就是回归系数 a 和 b。这就可以通过前节建立线性模型的方法求得回归系数。

2. 双参数 Weibull 函数

采用相同的方法也可对非线性 Weibull 函数拟线性化。Weibull 函数解析式［式(2.3a)］如下：

$$f(x)=1-\exp(-\exp[\alpha+\beta\cdot\lg(x)])$$

令 $f(x)=y$，方程右边 1 移至左边并取自然对数，有

$$\ln(1-y)=-\exp[\alpha+\beta\cdot\lg(x)]$$

两边再取自然对数并经整理，有

$$\ln[-\ln(1-y)]=\alpha+\beta\cdot\lg(x) \tag{2.20}$$

3. 双参数 Hill 函数

类似地，对于双参数 Hill 函数［式(2.5a)]：

$$f(x)=\frac{1}{1+\left(x/\mathrm{EC}_m\right)^{\beta}}$$

令 $f(x)=y$，两边求倒数并整理，有

$$\frac{1-y}{y}=\left(x/\mathrm{EC}_m\right)^{\beta}$$

再取对数整理后得线性方程：

$$\ln(1-y)-\ln y=-\beta\cdot\ln\mathrm{EC}_m+\beta\cdot\ln x \tag{2.21}$$

在上述线性方程中：

$$\begin{aligned}&Y=\ln(1-y)-\ln y\\&X=\ln x\\&b=\beta\\&a=-\beta\cdot\ln\mathrm{EC}_m\end{aligned} \tag{2.22}$$

应用表 2.2 中后面 9 个实验浓度–效应数据，对 Logit、Weibull 及简化 Hill 函

数拟线性化后，进行线性回归，得到拟合函数的各回归系数α和β及估计相关系数R（参见表 2.5），将拟合回归系数代入拟合函数计算各实验浓度下的拟合效应，由 Logit、Weibull 及简化 Hill 函数计算的各效应值分别列入表 2.6 中 FitL、FitW 和 FitH 栏。通过拟合效应与实验平均效应可求得 RMSE，结果也列入表 2.5 中。

表 2.5 拟线性化 Logit、Weibull 及 Hill2 函数的统计结果

编号	函数	α/a	β/b	R	RMSE	数据点
1	Logit	8.26025	2.46029	0.9973	0.0139	4～12
2	Logit	9.04163	2.67619	0.9964	0.0214	1～12
3	Weibull	6.36669	2.01164	0.9947	0.0214	4～12
4	Weibull	7.55235	2.34259	0.9623	0.0384	1～12
5	Hill2	4.391E–4	–1.06849	–0.9973	0.0139	4～12
6	Hill2	9.042E–4	–1.16225	–0.9747	0.0215	1～12
7	$\hat{x}=a+b\cdot(c)$	3.6865E–2	1.3176E+3	0.9940	0.0125	3～9
8	$\hat{x}=a+b\cdot(c)$	8.2237E–2	8.1466E+3	0.9612	0.0565	1～12
9	$\hat{x}=a+b\cdot\lg(c)$	2.3678	0.55560	0.9979	0.0105	6～12
10	$\hat{x}=a+b\cdot\lg(c)$	1.8346	0.40197	0.9761	0.0445	1～12

注：Hill2 函数（双参数 Hill 函数）中的 EC_m 对应表中α；c 表示浓度

表 2.6 实验浓度–效应数据及拟线性化模型计算结果

编号	浓度（mol/L）	x_1	x_2	x_3	平均效应	FitL（4～12）	FitL（1～12）	FitW（4～12）	FitW（1～12）	FitH（4～12）	FitH（1～12）
1	2.120E–5	0.0080	0.0197	0.0123	0.0133	*0.0377*	0.0303	*0.0469*	0.0329	*0.0377*	0.0303
2	2.936E–5	0.0471	0.0554	0.0639	0.0555	*0.0526*	0.0436	*0.0619*	0.0456	*0.0526*	0.0436
3	4.078E–5	0.0679	0.1154	0.1142	0.0992	*0.0731*	0.0626	*0.0816*	0.0631	*0.0731*	0.0626
4	5.709E–5	0.0811	0.1038	0.1255	0.1035	0.1016	0.0899	0.1079	0.0877	0.1016	0.0899
5	8.155E–5	0.1236	0.1438	0.1581	0.1418	0.1420	0.1300	0.1444	0.1236	0.1420	0.1301
6	1.142E–4	0.1764	0.1694	0.1784	0.1747	0.1917	0.1811	0.1889	0.1696	0.1917	0.1811
7	1.550E–4	0.2608	0.2614	0.2135	0.2452	0.2474	0.2398	0.2392	0.2240	0.2474	0.2398
8	2.120E–4	0.3427	0.3383	0.3404	0.3405	0.3147	0.3122	0.3019	0.2944	0.3147	0.3122
9	3.017E–4	0.4280	0.4212	0.4142	0.4211	0.4011	0.4062	0.3868	0.3930	0.4011	0.4062
10	4.159E–4	0.5017	0.4723	0.4524	0.4755	0.4855	0.4984	0.4766	0.4995	0.4855	0.4983
11	5.872E–4	0.5807	0.5468	0.5546	0.5607	0.5770	0.5973	0.5832	0.6258	0.5770	0.5973
12	8.155E–4	0.6912	0.6458	0.6505	0.6625	0.6596	0.6848	0.6884	0.7467	0.6596	0.6848

注：表中斜体数字表示有关 CRC 模型预测效应

应该指出，表 2.5 中的相关系数与均方根误差均是针对参与拟合建模的实验点（训练集）的估计相关系数与均方根误差，只能说明所选训练集（后 9 个实验点）的线性相关情况，不能说明所推导的 CRC 模型就一定具有良好的预测能力。换句话说，相关系数高只能说明对选择点（训练集）具有良好的拟合能力，而对其他非建模点不一定具有预测能力。从表 2.5 中可看出，对于 3 个非线性双参数函数，无论用 9 个数据点或者全部 12 个数据点建立拟线性化模型，其估计相关系数均在 0.9600 以上，模型估计能力良好。所有拟合曲线（常规浓度或对数浓度尺度）均基本通过所有实验点，说明对模型外的数据点也有预测能力。对于线性模型或对数线性模型，模型估计能力相关系数虽然也均在 0.9600 以上，估计能力良好，但预测能力普遍不行，对于任何一个线性模型总有多个实验点偏离拟合曲线。

线性化、对数线性化及拟线性化的拟合结果与实验浓度相关图绘于图 2.11（a）（常规浓度尺度）和图 2.11（b）（对数浓度尺度）中。从图 2.11（a）可看出，线性模型（直线）有效地拟合了前面的实验数据点，而远远偏离后面 3 个数据点，对数线性方程（曲线）只能有效拟合后面的实验数据点，而 3 个非线性函数 Logit、Weibull 及 Hill 函数对所有 12 个实验点均能有效拟合。从图 2.11（b）中同样可看出，线性模型（曲线）可有效拟合前面的实验数据点，而远远偏离后面 3 个数据点，对数线性方程（直线）只能有效拟合后面的实验数据点，而 3 个非线性函数 Logit、Weibull 及 Hill 函数对所有 12 个实验点均能有效拟合。

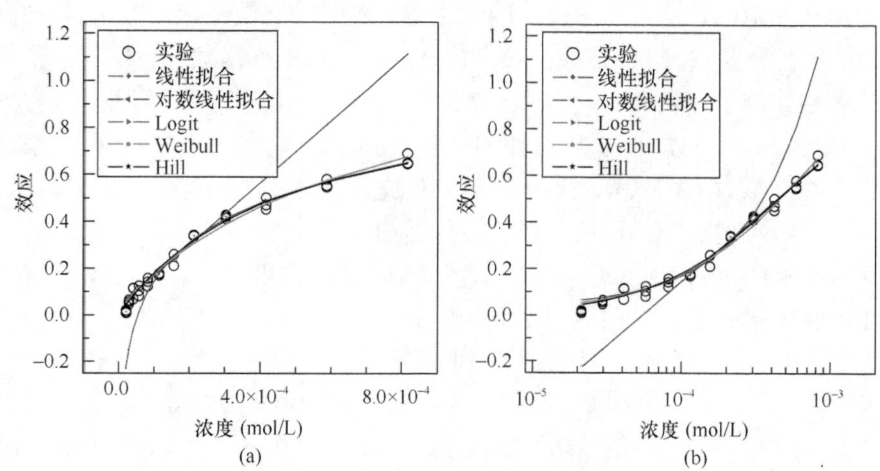

图 2.11　线性、对数线性与拟线性拟合结果 CRC 图

从图 2.11 可以看出，线性方程或对数线性方程只能有效描述 CRC 的部分区域，而“S”形的三个双参数方程虽然没有使用全部实验数据，但几乎所有实验点都落在拟合曲线上。也就是说，虽然线性方程或对数线性方程具有高相关系数，参与拟合建模的点均靠近拟合线，但对其他点却明显偏离拟合线，因而对其他点没有预测能力。而拟线性化方程对所有点均有良好结果，说明对参加拟合建模的

点有良好估计能力，对非建模点也有良好预测能力。

2.3.3 所有子集模型

线性、对数线性与拟线性化虽然原理简单且易于理解，然而，线性和对数线性只适用于有显著线性相关或对数线性相关的部分浓度范围，不适用于 CRC 所有浓度范围或整条 CRC。另一方面，由于不同浓度水平毒性检测的不确定度是不一样的，或者说不同浓度处的测量是非等方差的，因此拟线性化的结果也不一定是最优的。例如，由表 2.2 的全部 12 个数据点对 Weibull 函数拟线性化后拟合相关系数 $R = 0.9623$ 以及 RMSE = 0.0384（参见表 2.5），显著相关，但还有优化空间。本节介绍所有子集回归（all subset regression，ASR）优化方法在拟合 CRC 中的应用（Liu et al.，2003；刘树深等，2012）。

ASR 在非线性模拟中进行所有子集搜索。即将非线性函数如 Weibull 函数中的 2 个拟合参数或回归系数（α和β）在其可能取值范围内的所有组合一一代入非线性函数计算所有实验浓度（c 或 EC）下的函数结果，并与所有实验效应进行比较分析，找到计算结果与实验结果均方根误差最小或相关系数最高的组合，即为 ASR 之最优组合，组合中拟合参数即为最优参数。在 ASR 中最关键的是找到最佳组合所在的范围。这可以通过拟线性化得到参数的邻域进行试探获取。例如，对于表 2.2 所示的 12 个实验浓度–效应数据点，以 Weibull 函数进行所有子集优化，根据拟线性化结果（表 2.3）所得$\alpha = 7.5507$ 和$\beta = 2.3421$ 邻域内寻找：α=(6.55，8.55)和β=(1.34，3.34)，步长均选 0.001 时，将有 $2001^{2001} = 6.2434\times10^{6605}$ 个组合，这个组合是非常大的，只有通过计算机才能完成，特别是当范围加大时，运行次数是呈几何级数增加的。最后获得的最优回归系数为$\alpha = 6.551$ 和$\beta = 2.064$，统计量为 $R = 0.9941$ 以及 RMSE = 0.0231。然而，从这个结果看，α值已是取值的下边界，还需要选择更合适的范围，比如α=(5.55，6.65)和β=(1.34，3.34)，此时得如下结果：

$$\alpha = 6.091, \beta = 1.932; R = 0.9952, \mathrm{RMSE} = 0.0206$$

显然，所有子集回归拟合相关系数（$R = 0.9952$）优于线性拟合（$R = 0.9612$）、对数线性拟合（$R = 0.9761$）及拟线性化模型（$R = 0.9623$）结果，ASR 均方根误差（RMSE = 0.0206）低于线性拟合（RMSE = 0.0565）、对数线性拟合（RMSE = 0.0445）及拟线性化模型（RMSE = 0.0384）结果（参见表 2.5）。

同理，选择合适的初值范围，比如α=（6.82，9.82）和β=（1.34，3.34），步长为 0.001，以 Logit 函数运行 ASR，其最优的回归系数、R 和 RMSE 的结果列入表 2.7 中。比较表 2.5 和表 2.7 结果可知，ASR 的拟合相关系数（$R = 0.9971$）同样优于线性拟合（$R = 0.9612$）与对数线性模型（$R = 0.9761$），也稍稍优于拟线性化模型（R = 0.9964）。ASR 均方根误差（RMSE = 0.0156）低于线性拟合（RMSE = 0.0565）、对数线性拟合（RMSE = 0.0445）及拟线性化模型（RMSE = 0.0214）结果。

通过 ASR 得到的拟合曲线与实验剂量–效应数据散点一并绘于图 2.12 中。

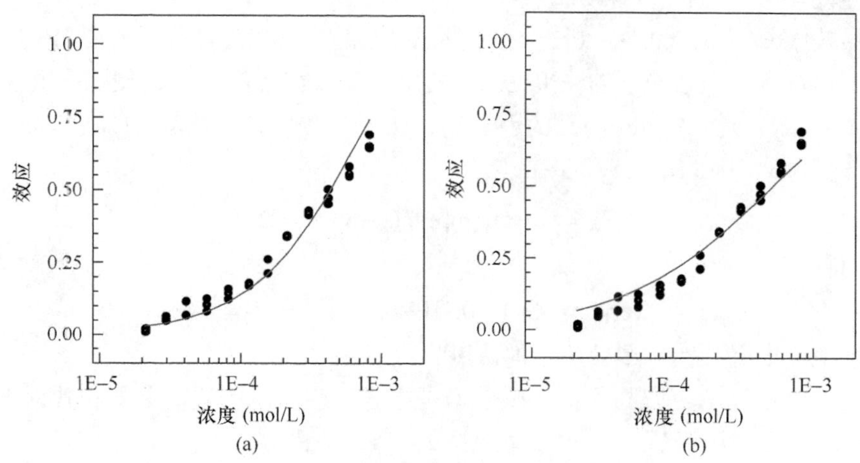

图 2.12　Weibull 函数拟合曲线（a）与 Logit 函数拟合曲线（b）

●：实验点；—：拟合曲线

比较图 2.12 与图 2.11 可知，所有子集回归拟合结果显著优于线性模型，也优于拟线性模型，图 2.12 中所有实验点基本均逼近拟合曲线。

表 2.7　表 2.2 中所有浓度–效应数据的所有子集回归模型结果

函数	α的范围	β的范围	最优α	最优β	R	RMSE
Logit	6.82～9.82	1.34～3.34	8.136	2.423	0.9971	0.0156
Weibull	5.55～8.55	1.34～3.34	6.091	1.932	0.9952	0.0206

2.3.4　从拟合函数计算效应浓度（EC_x）

通过曲线拟合的方法获得 CRC 模型即求得模型参数后，可通过拟合函数的反函数计算各个指定效应下的浓度 EC_x，比如 EC_{10}、EC_{30}、EC_{50} 及 EC_{70} 等。对于非线性单调“S”形 CRC，通过线性、拟线性、所有子集回归的方法获得位置参数α与形状参数β后，可应用 Logit 函数的反函数［式(2.2b)］、Weibull 函数的反函数［式(2.3b)］及 Hill 函数的反函数［式(2.5b)］计算给定效应下的效应浓度（effective concentration，EC_x）。

【例 2.2】 应用 MTA 方法测定了 12 个不同浓度下吡虫啉对 Q67 的发光抑制效应，并已经所有子集回归方法证明该数据集可用 Weibull 函数有效拟合，其位置参数$\alpha = 6.091$及形状参数$\beta = 1.932$（表 2.7），应用 Weibull 函数的反函数［式(2.3b)］可计算指定效应下的效应浓度。若指定效应分别为 10%、20%、30%、40%、50%、60%和 70%，各效应浓度分别为多少？

【解】（1）利用反函数直接计算

将效应 $x = 0.1, 0.2, \cdots, 0.7$ 分别代入 Weibull 函数的反函数［式(2.3b)］，可计算吡虫啉在这 7 个效应下的浓度 EC_x，结果如表 2.8 所示。由式（2.3b）可知，这里的效应（x）是 Weibull 函数的因变量［$f(x)$］，相应效应浓度 EC_x 是 Weibull 函数的自变量 x，因此，式（2.3b）变为

$$EC_x = \text{power}[(\ln[-\ln(1-x)] - \hat{\alpha}) / \hat{\beta}]$$

则有

$$EC_{10} = \text{power}[(\ln[-\ln(1-0.1)] - 6.091) / 1.932] = 4.814\text{E}-5$$

同理可求得其他 6 个效应下的浓度。

表 2.8 中置信下限与置信上限数据是指各效应浓度的置信上限和置信下限，具体计算方法及浓度置信区间意义参见 2.4 节相关内容。

表 2.8　从 Weibull 拟合函数的反函数计算的 7 个效应浓度及其置信区间

指定效应（x，%）	效应浓度（EC_x）	$-\lg EC_x$（pEC_x）	置信下限（ECL）	置信上限（ECU）
10.00	4.814E–5	4.317E+0	no	8.361E–5
20.00	1.177E–4	3.929E+0	7.811E–5	1.632E–4
30.00	2.059E–4	3.686E+0	1.561E–4	2.640E–4
40.00	3.160E–4	3.500E+0	2.559E–4	3.895E–4
50.00	4.546E–4	3.342E+0	3.776E–4	5.539E–4
60.00	6.340E–4	3.198E+0	5.320E–4	7.748E–4
70.00	8.778E–4	3.057E+0	7.328E–4	no

（2）利用插值方法计算效应浓度

如果构建 CRC 模型的训练集中数据点足够多，比如 10 个点以上，在计算精度要求又不是很高的情况下，则可以各个不同实验浓度下的拟合效应数据为节点，进行线性插值求得。插值原理示意于图 2.13。首先在图 2.13 中找到待求浓度–效应点（蓝色圆圈）位于哪两个浓度–效应点（紫色空圆）之间。例如，要求 EC_{30}，由图 2.13 可知，该效应（$x = 0.3$）位于拟合曲线上的第 i 点（$i = 8$）和第 $i + 1$ 点（$i + 1 = 9$）之间，则以这两点为已知节点。线性的含义是指这两节点之间所有点与这两点构成一条直线。那么，根据两点式方程，有

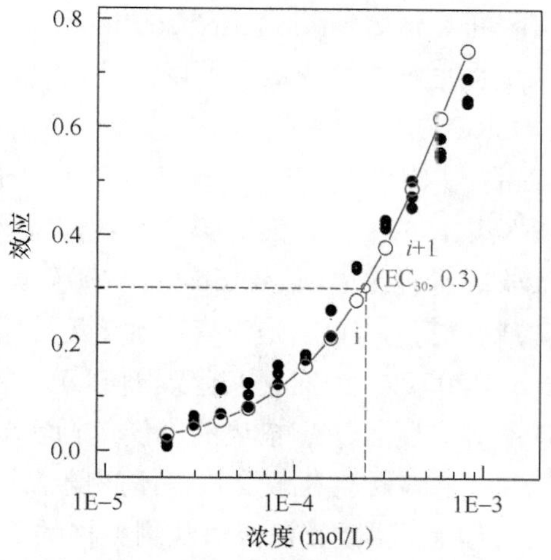

图 2.13 线性插值求效应浓度原理示意图

$$\frac{0.3-x_i}{EC_{30}-EC_i}=\frac{x_{i+1}-x_i}{EC_{i+1}-EC_i} \tag{2.23}$$

式中，x_i 是拟合曲线上第 i 点的效应，EC_i 是拟合曲线上第 i 点的浓度。经变换可得

$$EC_x=\frac{EC_{i+1}-EC_i}{x_{i+1}-x_i}\cdot(x-x_i)+EC_i \tag{2.24}$$

则，当 $x=0.3$ 时的效应浓度 EC_{30} 为

$$\begin{aligned}EC_{30}&=\frac{EC_{i+1}-EC_i}{x_{i+1}-x_i}\cdot(0.3-x_i)+EC_i\\&=\frac{(2.120-1.550)\times10^{-4}}{0.3061-0.2450}\cdot(0.3-0.2450)+1.550\times10^{-4}=2.063\times10^{-4}\end{aligned}$$

由线性插值方法计算得到的吡虫啉的 $EC_{30}=2.063E–4$，这与表 2.8 中的 2.059E–4 几乎是一样的。计算中用到的不同浓度下的 Weibull 拟合效应数据即 12 个节点数据（EC_i, x_i, $i=1, 2, 3, \cdots, 12$）参见 2.4.1 节中的表 2.10。

2.4 CRC 置信区间

一组浓度–效应数据在构建 CRC 过程中，要用合适的拟合函数进行描述才能获得最优结果。然而，无论毒性实验如何精确以及描述函数选择得多么好，固有的实验误差与函数拟合误差均客观存在，因而需要有 CRC 的置信区间（不确定度）。描述拟合函数不确定度的置信区间，称为函数置信区间（function-based confidence interval，FCI），在描述函数拟合不确定度的同时也考虑实验误差的置信区间，称为观测置信区间（observation-based confidence interval，OCI）。目前很多文献只给出了单个浓度水平下的效应测量不确定度，不能反映整体 CRC 的变化规律。在少数给出整体 CRC 置信区间的文献中，都只给出了函数置信区间 FCI，导致大量的观测实验点落在 FCI 之外（Payne et al.，2001；Brian et al.，2005；Richter and Escher，2005）。事实上，FCI 描述的是拟合函数曲线位置与形状不确定度，而不是各个单次观测实验的不确定度（Tarasinska，2005）。例如，当拟合 Weibull 函数时，在效应值为 1 或 0 时，其 FCI 是没有不确定度的，这时置信上限与下限重合在一起（Payne et al.，2001）。而对于实验观测值，当毒性效应接近于 0 时，实验误差存在相当大的不确定度。OCI 描述的不仅包括实验观测的不确定度，也包括了拟合函数的不确定度，因而能真正反映整体剂量–效应关系的不确定度，并与毒性数据的精密度紧密相关。因此，在报道观测数据的剂量–效应关系时，采用 OCI 对毒性实验数据的 CRC 不确定度进行表征更为合理。本节对 FCI 和 OCI 的构建方法（朱祥伟等，2009；Zhu et al.，2013）和实例进行说明与分析。

2.4.1 效应置信区间

设有一组构成 1 条 CRC 的浓度–效应数据（$x_{i,j}, y_i; i=1,2,\cdots,n; j=1,2,\cdots,K$）（例如表 2.2 中的 12 个浓度–效应数据，$n=12$，$K=3$），通过 2.3 节建模方法建立了 CRC 模型，获得了模型参数 m 个（$\beta_1=\alpha$和$\beta_2=\beta$），应用这个模型计算相同实验浓度下的效应（$\hat{y}_i, i=1,2,\cdots,12$），根据实验效应与拟合效应定义如下统计量：

1）确定系数（R^2）：R^2 表示拟合函数解释数据方差的能力。

$$R^2=\frac{\mathrm{SSR}}{\mathrm{SST}}=1-\frac{\mathrm{SSE}}{\mathrm{SST}} \tag{2.25}$$

式中，SSE 称残差平方和，SSR 为回归平方和，SST 是总离差平方和，且 SST = SSE + SSR。

$$\mathrm{SSE}=\sum_{i=1}^{n}(y_i-\hat{y}_i)^2,\quad \mathrm{SSR}=\sum_{i=1}^{n}(\hat{y}_i-\overline{y})^2,\quad \mathrm{SST}=\sum_{i=1}^{n}(y_i-\overline{y})^2 \tag{2.26}$$

R^2 可以是 0 与 1 之间的任何值，R^2=0 表示 x 与 y 完全不相关，R^2=1 表示 x 与 y 完全相关，表示数据的方差可完全由模型解释。

2）校正确定系数（R^2_{adj}）：对同一组实验数据，R^2 会随模型参数（m）的增加而增加，这可通过校正确定系数 R^2_{adj} 对 R^2 进行自由度校正加以解决。

$$R^2_{adj}=1-\frac{\mathrm{SSE}(n-1)}{\mathrm{SST}(n-m)} \tag{2.27}$$

式中，n 为观测值个数；m 为拟合模型的参数个数；$n-m$ 为计算总平方和的自变量自由度。在表 2.2 例子中，$n = 12$，$m = 2$。

3）均方根误差（RMSE 或 s）：s 是观测值标准偏差的估计。

$$\mathrm{RMSE} = s = \sqrt{\frac{\mathrm{SSE}}{n-m}} \tag{2.28}$$

s 越小，表示拟合函数越优。该 RMSE 与式（2.14）是一致的，只是式（2.14）中没有考虑模型参数的影响。RMSE 在进行数据比较时要注意其定义，即分母是 n 还是 $n-m$。

4）函数置信区间（FCI）：FCI 是用非线性函数描述实验数据的不确定度，定义为

$$\mathrm{FCI} = \hat{y} \pm t_{(n-m,\frac{\alpha}{2})} \cdot \sqrt{\boldsymbol{v} \cdot \boldsymbol{C} \cdot \boldsymbol{v}^{\mathrm{T}}} \tag{2.29}$$

式中，α是显著性水平（如$\alpha = 0.05$）；t 为在自由度（$n-m$）和α下的临界值，可由 t 分布表查得。对于表 2.2 的数据，使用平均效应和两参数 Weibull 模型进行非线性拟合，则自由度 $n-m = 12-2 = 10$，由 t 分布表查得 t（$n-m$，$\alpha/2$）$= t$（10，0.025）= 2.2281。$\boldsymbol{C}$ 是由非线性拟合得到的参数估计值的协方差矩阵，$\boldsymbol{v}$ 是行矢量，$\boldsymbol{v}^{\mathrm{T}}$ 是列矢量，它们的意义见后文。

在环境毒理学中，常见的计算 CRC 95%置信区间所需 t 统计量临界值汇总于表 2.9 中。

表 2.9　不同自由度（$n-m$）及显著性水平（α=0.05）下的 t 临界值

$n-m$	α=0.05	$n-m$	α=0.05	$n-m$	α=0.05	$n-m$	α=0.05	$n-m$	α=0.05
1	12.706	11	2.201	21	2.080	31	2.04	50	2.009
2	4.303	12	2.179	22	2.074	32	2.037	60	2.000
3	3.182	13	2.160	23	2.069	33	2.035	70	1.994
4	2.776	14	2.145	24	2.064	34	2.032	80	1.990
5	2.571	15	2.131	25	2.060	35	2.03	90	1.987
6	2.447	16	2.120	26	2.056	36	2.028	100	1.984
7	2.365	17	2.110	27	2.052	37	2.026	200	1.972
8	2.306	18	2.101	28	2.048	38	2.024	500	1.965
9	2.262	19	2.093	29	2.045	39	2.023	1000	1.962
10	2.228	20	2.086	30	2.042	40	2.021	∞	1.960

5）观测置信区间（OCI）：OCI 是在非线性函数拟合描述实验数据不确定度基础上加上观测数据本身不确定度构建的置信区间，定义为

$$\mathrm{OCI} = \hat{y} \pm t_{(n-m,\frac{\alpha}{2})} \cdot \sqrt{s^2 + \boldsymbol{vCv}^{\mathrm{T}}} \tag{2.30}$$

6）协方差矩阵（$\boldsymbol{C}$）：$\boldsymbol{C}$ 是非线性最小二乘回归得到的参数估计值的协方差矩阵：

$$\boldsymbol{C} = \left(\boldsymbol{J}(\hat{\boldsymbol{\beta}})^{\mathrm{T}} \cdot \boldsymbol{J}(\hat{\boldsymbol{\beta}})\right)^{-1} \cdot s^2 \tag{2.31}$$

式中，$\boldsymbol{J}(\hat{\beta})$ 是 $\hat{y} = f(x, \beta)$ 关于拟合参数 $\hat{\beta}$ 的雅可比矩阵，其元素 J_{ij} 是函数 $f(x_i, \beta_j)$ 关于 β_j 的一阶偏导数；上标 T 表示矩阵转置，上标–1 表示求矩阵逆；$\boldsymbol{v}$ 是对应雅可比矩阵 $\boldsymbol{J}(\hat{\beta})$ 的行矢量（称梯度矢量）。在表 2.2 所示实验数据经所有子集回归获得拟合函数 $f(x, \boldsymbol{\beta})$ 后，其 $\boldsymbol{J}(\hat{\beta})$ 有如下形式：

$$J(\beta) = (f'_{nm}) = \begin{pmatrix} \dfrac{\partial f_1}{\partial \beta_1} & \dfrac{\partial f_1}{\partial \beta_2} & \cdots & \dfrac{\partial f_1}{\partial \beta_m} \\ \dfrac{\partial f_2}{\partial \beta_1} & \dfrac{\partial f_2}{\partial \beta_2} & \cdots & \dfrac{\partial f_2}{\partial \beta_m} \\ \vdots & \vdots & & \vdots \\ \dfrac{\partial f_n}{\partial \beta_1} & \dfrac{\partial f_n}{\partial \beta_2} & \cdots & \dfrac{\partial f_n}{\partial \beta_m} \end{pmatrix} \tag{2.32}$$

7）不同拟合函数的梯度矢量（$\boldsymbol{v}$）：

对于线性函数：

$$f(x, \boldsymbol{\beta}) = a + b \cdot x = \beta_1 + \beta_2 \cdot x \tag{2.33}$$

其梯度矢量为

$$\begin{aligned} \frac{\partial f(x, \boldsymbol{\beta})}{\partial \beta_1} &= 0 \\ \frac{\partial f(x, \boldsymbol{\beta})}{\partial \beta_2} &= x \end{aligned} \tag{2.34}$$

对于 Logit 函数：

$$f(x, \boldsymbol{\beta}) = \frac{1}{1 + \exp(-\alpha - \beta \cdot \lg x)} = \frac{1}{1 + \exp(-\beta_1 - \beta_2 \cdot \lg x)} \tag{2.35}$$

其梯度矢量为

$$\begin{aligned} \frac{\partial f(x, \boldsymbol{\beta})}{\partial \beta_1} &= \frac{\exp(-\beta_1 - \beta_2 \cdot \lg x)}{[1 + \exp(-\beta_1 - \beta_2 \cdot \lg x)]^2} \\ \frac{\partial f(x, \boldsymbol{\beta})}{\partial \beta_2} &= \frac{\exp(-\beta_1 - \beta_2 \cdot \lg x) \cdot \lg x}{[1 + \exp(-\beta_1 - \beta_2 \cdot \lg x)]^2} \end{aligned} \tag{2.36}$$

对于 Weibull 函数，有

$$f(x,\boldsymbol{\beta}) = 1 - \exp[-\exp(\alpha + \beta \cdot \lg x)] = 1 - \exp[-\exp(\beta_1 + \beta_2 \cdot \lg x)] \tag{2.37}$$

其梯度矢量为

$$\begin{aligned} \frac{\partial f(x,\boldsymbol{\beta})}{\partial \beta_1} &= \exp[-\exp(\beta_1 + \beta_2 \cdot \lg x)] \cdot \exp(\beta_1 + \beta_2 \cdot \lg x) \\ \frac{\partial f(x,\boldsymbol{\beta})}{\partial \beta_2} &= \exp[-\exp(\beta_1 + \beta_2 \cdot \lg x)] \cdot \exp(\beta_1 + \beta_2 \cdot \lg x) \cdot \lg x \end{aligned} \tag{2.38}$$

对于 Hill 函数：

$$f(x,\boldsymbol{\beta}) = \frac{1}{1 + \left(x / \mathrm{EC}_m\right)^{\beta}} = \frac{1}{1 + \left(x / \beta_1\right)^{\beta_2}} \tag{2.39}$$

其梯度矢量为：

$$\begin{aligned} \frac{\partial f(x,\boldsymbol{\beta})}{\partial \beta_1} &= \frac{1}{[1 + (x/\beta_1)^{\beta_2}]^2} \cdot \beta_2 \cdot (x/\beta_1)^{\beta_2 - 1} \cdot (x/\beta_1^2) \\ \frac{\partial f(x,\boldsymbol{\beta})}{\partial \beta_2} &= \frac{-1}{[1 + (x/\beta_1)^{\beta_2}]^2} \cdot (x/\beta_1)^{\beta_2} \cdot \ln(x/\beta_1) \end{aligned} \tag{2.40}$$

将上述构建置信区间 FCI 和 OCI 方法应用于吡虫啉的浓度–效应数据（表 2.2），得到的 FCI 和 OCI 的置信上限与置信下限结果参见表 2.10，相应实验数据点、拟合曲线与置信区间相关图见图 2.14（a）（函数置信区间 FCI）和图 2.14（b）（观测置信区间 OCI）。显然，多个实验点位于 FCI 之外了，而 OCI 则包括了全部实验点。

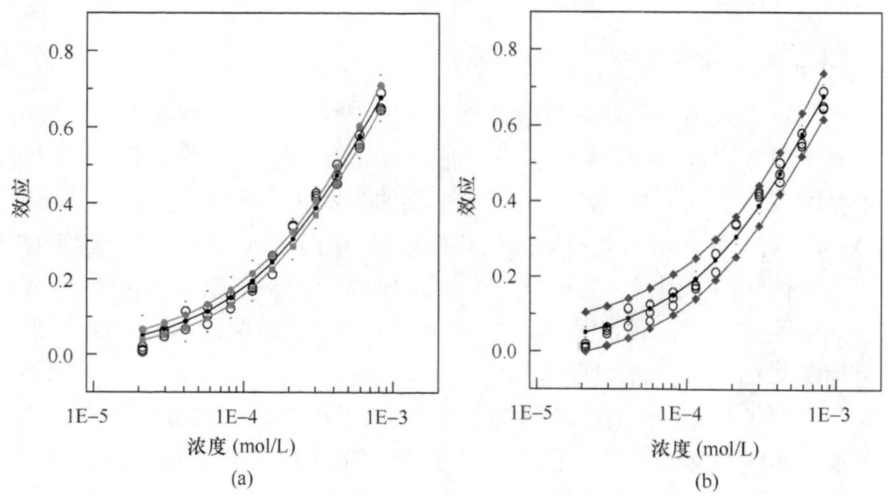

图 2.14　FCI（a）与 OCI 拟合曲线（b）

黑实线为拟合曲线；空圆为实验数据点；紫色线与紫色实圆为函数置信区间；蓝色线与蓝色菱形方块为观测置信区间

表 2.10　吡虫啉的实验浓度–效应数据、Weibull 函数拟合值及置信区间

编号	浓度（mol/L）	实验效应 1	实验效应 2	实验效应 3	拟合效应	OCI 下限	OCI 上限	FCI 下限	FCI 上限
1	2.120E–5	0.0080	0.0197	0.0123	0.0516	–6.0E–4	0.1038	0.0379	0.0653
2	2.936E–5	0.0471	0.0554	0.0639	0.0672	0.0145	0.1199	0.0517	0.0827
3	4.078E–5	0.0679	0.1154	0.1142	0.0876	0.0343	0.1409	0.0705	0.1047
4	5.709E–5	0.0811	0.1038	0.1255	0.1145	0.0608	0.1682	0.0960	0.1330
5	8.155E–5	0.1236	0.1438	0.1581	0.1512	0.0972	0.2052	0.1319	0.1705
6	1.142E–4	0.1764	0.1694	0.1784	0.1955	0.1415	0.2495	0.1762	0.2148
7	1.550E–4	0.2608	0.2614	0.2135	0.2450	0.1912	0.2988	0.2262	0.2638
8	2.120E–4	0.3427	0.3383	0.3404	0.3061	0.2525	0.3597	0.2879	0.3243
9	3.017E–4	0.4280	0.4212	0.4142	0.3882	0.3344	**0.4420**	0.3695	0.4069
10	4.159E–4	0.5017	0.4723	0.4524	0.4745	**0.4197**	**0.5293**	0.4530	0.4960
11	5.872E–4	0.5807	0.5468	0.5546	0.5765	**0.5194**	0.6336	0.5498	0.6032
12	8.155E–4	0.6912	0.6458	0.6505	0.6776	0.6175	0.7377	0.6450	0.7102

注：表中黑体数据是 2.4.2 节求 EC_{50} 的浓度置信区间所需数据

特别要指出的是，这里的置信区间是在实验浓度水平下计算的效应方向的不确定度，因此也称为效应置信区间。其是纵向的，是指不同实验浓度水平下效应的变化范围。然而，在环境毒理学中，常常需要求得某些特征毒性参数的不确定度，如毒性指标即半数效应浓度 EC_{50} 的置信区间，这是在浓度方向上的不确定度，是横向的，这需要以效应置信区间为基础重新计算。

2.4.2　效应浓度置信区间

大多数置信区间都是针对响应信号或效应进行计算的，或者说是以效应为基础的，属于效应置信区间。然而，在一般环境毒理学中报道的置信区间却常常是某个浓度的置信区间，是以测定浓度为基础的。例如，常常需要报告某毒性指标（EC_{50}）的不确定度即半数效应浓度的置信区间。由于 2.4.1 节给出了整条 CRC 基于效应的置信区间，因而，某个效应浓度如 EC_{50} 等的基于浓度的置信区间，可以从基于效应的 95%观测置信区间 OCI 的上下限通过简单线性插值方法求得。计算原理可用图 2.15 所示的示意图进行解释。

从纵坐标轴即效应坐标轴引效应 $y = 0.5 = 50\%$的水平线分别与拟合 CRC 及 OCI 上下限曲线相交于 3 点。然后，从与拟合 CRC（中间黑色曲线）的交点引垂线与浓度坐标相交的点即为 EC_{50}，从与 OCI 置信上限交点（ECL，0.5）引垂线与浓度坐标相交的点即为 EC_{50} 的浓度置信下限（ECL），从与 OCI 置信下限交点（ECU，0.5）引垂线与浓度坐标相交的点即为 EC_{50} 的浓度置信上限（ECU）。与

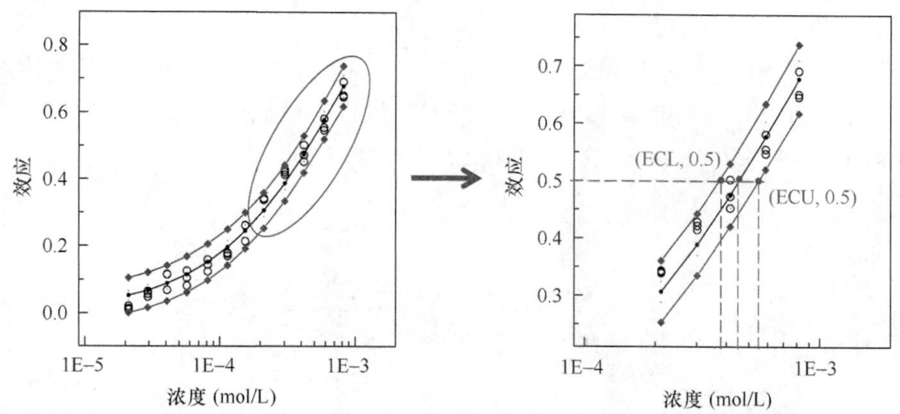

图 2.15　求解基于浓度的置信区间 OCI 示意图

黑实线为拟合 CRC；黑圆为实验点；蓝色线为 OCI；菱形蓝色方块为效应置信区间点；实心红圆为待求浓度及浓度置信区间

拟合 CRC（中间黑色曲线）的交点可从拟合曲线函数的反函数求出，而与 OCI 的交点则分别通过置信上限与置信下限进行线性插值求得。例如，求 ECL 时，先判别 ECL 所在点（红色实心圆）处于 OCI 上限的哪两个点之间，比如在（CU_i, y_i）与（CU_{i+1}, y_{i+1}）之间，而该点的 $y = 0.5$ 是已知的（当然如果不是求 EC_{50} 的话，y 就不是 0.5），则其 ECL 可按式（2.41）求出：

$$\frac{y - y_i}{\mathrm{ECL} - \mathrm{CU}_i} = \frac{y_{i+1} - y_i}{\mathrm{CU}_{i+1} - \mathrm{CU}_i} \tag{2.41}$$

式中，CU 表示 OCI 置信上限某点对应的浓度。

同样可以求 EC_{50} 的置信上限 ECU：判别 ECU 所在点处于 OCI 下限的哪两个点之间，然后在这两点之间进行简单线性插值即可。如果这两点为（CL_i, y_i）与（CL_{i+1}, y_{i+1}），那么 $y = 0.5$ 对应的浓度上限 ECU 按式（2.42）计算：

$$\frac{y - y_i}{\mathrm{ECU} - \mathrm{CL}_i} = \frac{y_{i+1} - y_i}{\mathrm{CL}_{i+1} - \mathrm{CL}_i} \tag{2.42}$$

式中，CL 表示 OCI 置信下限某点对应的浓度。

要指出的是，效应置信区间的上限对应的是浓度置信区间的下限，而效应置信区间的下限对应的是浓度置信区间的上限。同理，可以从效应置信区间数据计算各个指定效应下浓度的置信区间。

但要注意的是，由于一般情况下，OCI 是针对实验浓度进行计算的，所以，在某些低效应浓度（如图 2.14 中低于最左边第 1 个点的效应浓度）下没有浓度置信下限，而在某些高效应浓度（如图 2.14 中高于最右边第 12 个点的效应浓度）

下没有浓度置信上限。

例如，利用表 2.10 中的第 9 和 10 个点（黑体表示）的 OCI 置信上限数据（3.017E–4，0.4420）和（4.159E–4，0.5293）进行线性插值可求得 EC_{50} 的浓度置信下限 ECL 为 3.776E–4 mol/L。由式（2.41）可知：

$$\begin{aligned}\mathrm{ECL} &= \frac{(\mathrm{CU}_{i+1}-\mathrm{CU}_i)\cdot(y-y_i)}{y_{i+1}-y_i}+\mathrm{CU}_i \\ &= \frac{(4.159-3.017)\times10^{-4}\cdot(0.5-0.4420)}{0.5293-0.4420}+3.017\times10^{-4} \\ &= 3.776\times10^{-4}\end{aligned}$$

同理，利用表 2.10 中的第 10 和 11 个点（黑体表示）的 OCI 置信下限数据（4.159E–4，0.4197）和（5.872E–4，0.5194）进行线性插值可求得 EC_{50} 的浓度置信上限为 5.539E–4 mol/L。由式 2.42 可知：

$$\begin{aligned}\mathrm{ECU} &= \frac{(\mathrm{CL}_{i+1}-\mathrm{CL}_i)\cdot(y-y_i)}{y_{i+1}-y_i}+\mathrm{CL}_i \\ &= \frac{(5.872-4.159)\times10^{-4}\cdot(0.5-0.4197)}{0.5194-0.4197}+4.159\times10^{-4} \\ &= 5.539\times10^{-4}\end{aligned}$$

2.5　NOEC 和替代指标

2.5.1　Dunnett 检验方法

无观测效应浓度（no observed effect concentration，NOEC），是指与空白效应不存在显著性差异的最高实验浓度。与之对应的还有最低可观测效应浓度（lowest observed effect concentration, LOEC），是指与空白效应相比有显著性差异的最低实验浓度（Fox and Landis，2016）。由此定义可知，无论是 NOEC 还是 LOEC 均是实验浓度，是通过统计假设检验后得到的。这与前面所述的效应浓度（EC_x）是完全不同的。效应浓度是通过 CRC 拟合后由 CRC 拟合函数的反函数计算得到的，称为基于回归的计算浓度，与实验浓度密切相关，但不是某个具体的实验浓度。

一般文献中，NOEC 或 LOEC 通过 Dunnett 检验法（Dunnett，1964），比较不同浓度（应为尽可能低的接近 NOEC 或 LOEC 的一系列浓度）处理组平均值与空白对照组平均值之间的显著性差异，决定浓度处理组是否为 NOEC 或 LOEC。下面以 MTA 方法测定的 12 个浓度梯度各三次重复的效应数据为例说明 Dunnett 方法的具体操作步骤。

已知测定了由 3 个微板作为重复的 12 个浓度梯度毒物处理组和一个空白控制组共 13 个组每组 3 个样本（各板上的平均值为 1 个样本）的发光抑制率数据，这些数据构成 Dunnett 检验的数据集：x_{ji}($j = 1, 2, 3, \cdots, 13$; $j = 1$ 时表示空白，有 $x_{1i} = 0$)。

设组数为 $p = 13$，各组样本数 $n_j = 3$（$j = 1, 2, 3, \cdots, 13$），总样本数 $N = \sum n_j = p \times n_j = 13 \times 3 = 39$，自由度 df = 13 ×（3–1）= 26。应该注意的是，在微板毒性分析中的 12 个处理组不是 Dunnett 检验原始定义的实验处理组，因为 MTA 中的 12 个浓度梯度多数都显著高于未处理组。实际上处理组浓度应该尽量接近于 NOEC 或 LOEC 的浓度范围，这里只是介绍 NOEC 计算过程的操作。然而，NOEC 没求之前是未知的，其浓度范围不得而知，加上毒性实验不可能无限地做下去，所以 NOEC 总是比较近似的，不同研究组不同实验浓度设置都有可能得出不同的结论。

首先，计算数据集的组间方差 SSB：

$$\mathrm{SSB} = \sum_{j=1}^{p} \frac{T_j^2}{n_j} - \frac{C^2}{N} \tag{2.43}$$

其中，

$$T_j = \sum_{i=1}^{n_j} x_{ji}\text{，}\quad C = \sum_{j=1}^{p} T_j = \sum_{j=1}^{p} \sum_{i=1}^{n_j} x_{ji} \tag{2.44}$$

然后，计算总体方差 SST：

$$\mathrm{SST} = \sum_{j=1}^{p} \sum_{i=1}^{n_j} x_{ji}^2 - \frac{C^2}{N} \tag{2.45}$$

由 SST 和 SSB 计算组内方差 SSW 与组内平均值标准差 SW：

$$\mathrm{SSW} = \mathrm{SST} - \mathrm{SSB}\text{，}\quad SW = \sqrt{\frac{\mathrm{SSW}}{N - p}} \tag{2.46}$$

计算各毒物处理组与空白之间比较之统计量 t_j（$j = 2, 3, \cdots, 13$）：

$$t_j = \frac{T_j / n_j - T_1 / n_1}{\mathrm{SW} \cdot \sqrt{1/n_j + 1/n_1}} \tag{2.47}$$

将各浓度处理组的统计量 t_j 与临界值 $t(\alpha, p, \mathrm{df}) = t(0.05, 12, 26) = 2.983$［临界值可从 Dunnett 临界值表（表 2.11）查得］进行比较，判别该处理组是否为 NOEC 或 LOEC。

根据上述原理，计算表 2.2 中吡虫啉的 12 组不同浓度数据的相关统计量结果如下：

组间自由度 $p = 13–1 = 12$；

组内自由度 df = 13×（3−1）= 26；

组间方差 SSB = 1.718；

组内方差 SSW = 8.033E−3；

总体方差 SST = 1.726；

组内平均值标准差 SW = 1.758E−2。

12 个浓度组对应的 t 统计量分别为：0.929，3.865，6.910，7.209，9.883，12.175，17.088，23.723，29.344，33.130，39.069，46.163。

由表 2.11 查得临界值 t（$\alpha, p,$ df）= t（0.05, 12, 26）= 2.983。由于表 2.11 中没有对应的 df = 26 的数据项，只能以 df = 24 和 df = 30 为节点进行线性插值求得。

表 2.11 Dunnett 检验的 t 临界值表（α=0.05）（Dunnett，1964）

df/p	1	2	3	4	5	6	7	8	9	10	11	12	15	20
5	2.57	3.03	3.29	3.48	3.62	3.73	3.82	3.90	3.97	4.03	4.09	4.14	4.26	4.42
6	2.45	2.86	3.10	3.26	3.39	3.49	2.57	3.64	3.71	3.76	3.81	3.86	3.97	4.11
7	2.36	2.75	2.97	3.12	3.24	3.33	3.41	3.47	3.53	3.58	3.63	3.67	3.78	3.91
8	2.31	2.67	2.88	3.02	3.13	3.22	3.29	3.35	3.41	3.46	3.50	3.54	3.64	3.76
9	2.26	2.61	2.81	2.95	3.05	3.14	3.20	3.26	3.32	3.36	3.40	3.44	3.53	3.65
10	2.23	2.57	2.76	2.89	2.99	3.07	3.14	3.19	3.24	3.29	3.33	3.36	3.45	3.57
11	2.20	2.53	2.72	2.84	2.94	3.02	3.08	3.14	3.19	3.23	3.27	3.30	3.39	3.50
12	2.18	2.50	2.68	2.81	2.90	2.98	3.04	3.09	3.14	3.18	3.22	3.25	3.34	3.45
13	2.16	2.48	2.65	2.78	2.87	2.94	3.00	3.06	3.10	3.14	3.18	3.21	3.29	3.40
14	2.14	2.46	2.63	2.75	2.84	2.91	2.97	3.02	3.07	3.11	3.14	3.18	3.26	3.36
15	2.13	2.44	2.61	2.73	2.82	2.89	2.95	3.00	3.04	3.08	3.12	3.15	3.23	3.33
16	2.12	2.42	2.59	2.71	2.80	2.87	2.92	2.97	3.02	3.06	3.09	3.12	3.20	3.30
17	2.11	2.41	2.58	2.69	2.78	2.85	2.90	2.95	3.00	3.03	3.07	3.10	3.18	3.27
18	2.10	2.40	2.56	2.68	2.76	2.83	2.89	2.94	2.98	3.01	3.05	3.08	3.16	3.25
19	2.09	2.39	2.55	2.66	2.75	2.81	2.87	2.92	2.96	3.00	3.03	3.06	3.14	3.23
20	2.09	2.38	2.54	2.65	2.73	2.80	2.86	2.90	2.95	2.98	3.02	3.05	3.12	3.22
24	2.06	2.35	2.51	2.61	2.70	2.76	2.81	2.86	2.90	2.94	2.97	**3.00**	3.07	3.16
30	2.04	2.32	2.47	2.58	2.66	2.72	2.77	2.82	2.86	2.89	2.92	**2.95**	3.02	3.11
40	2.02	2.29	2.44	2.54	2.62	2.68	2.73	2.77	2.81	2.85	2.87	2.90	2.97	3.06
60	2.00	2.27	2.41	2.51	2.58	2.64	2.69	2.73	2.77	2.80	2.83	2.86	2.92	3.00
120	1.98	2.24	2.38	2.47	2.55	2.60	2.65	2.69	2.73	2.76	2.79	2.81	2.87	2.95
∞	1.96	2.21	2.35	2.44	2.51	2.57	2.61	2.65	2.69	2.72	2.74	2.77	2.83	2.91

分析比较不同浓度组的统计量和临界值的关系，可知第一浓度组与空白没有显著性差异，从第二组开始都与空白组有显著性差异。由此可知，吡虫啉的 NOEC 是第一个实验浓度，即与空白没有显著性差异的最高浓度，NOEC=2.120E−5 mol/L，NOEC 对应的拟合效应是 5.16%；吡虫啉的 LOEC 是第二个实验浓度，即与空白

有显著性差异的最低浓度，LOEC = 2.936E−5 mol/L，LOEC 对应的拟合效应为 6.39%。

2.5.2 效应浓度替代 NOEC

由统计假设检验得到的 NOEC 或 LOEC 由于以下原因近年来一直受到批评。

首先，从假设检验程序测定的 NOEC 取决于显著性水平与统计方法的选择。或者说不同的显著性水平或不同的统计方法可能得到不一样的 NOEC。不良实验设计，比如小的样本大小或平行测定次数，不合适的浓度梯度之间的间距，大的实验测试不确定度等等，均可能加大 NOEC 的不确定度，而且 NOEC 本身一定是所设计的处理浓度梯度中的一个，因此 NOEC 取决于处理浓度数和浓度设置的间距大小。

其次，在确定 NOEC 时是不考虑剂量–效应关系的，比如曲线陡峭或是平坦，变化大或是小均不考虑。

最后，无法合理地比较与评价不同实验室不同人员得到的 NOEC 的准确度，因为 NOEC 是一个实验设计的浓度，没有也不能计算置信区间。

由于统计假设检验得到的NOEC所固有的上述缺点以及由此得到的NOEC也不是真正的无效应浓度，特别是进行混合物毒性评估时如何处理相关的 NOEC 问题而不致出现不正确的毒性相互作用的结论等，一直处于争论之中。因此，近年来多个研究者建议采用某些效应下的效应浓度来替换 NOEC。有研究者经过多年的调查发现，现有文献报道的大多数 NOEC 引起的效应处于 EC_5 和 EC_{10} 之间（Hanson and Solomon，2002；Altenburger et al.，2003）。因此，作者建议直接采用基于 CRC 回归得到的效应浓度 EC_5 或 EC_{10} 替代 NOEC，以解决 NOEC 重复性不佳和没有置信区间的问题。

效应浓度 EC_x 可通过 CRC 模型的反函数或迭代准确求得，其不确定度也可从效应置信区间进行有效估计。只要 CRC 模型能合适地拟合毒性数据，低效应浓度如 EC_{10}、EC_5，甚至 EC_1 等都是可以估计的，不同实验获得的效应浓度之间也可以有效地比较，因为它有置信区间（至少有置信上限）。然而，也要指出，在 CRC 的低浓度部分，由于毒性实验测试的准确度通常比高浓度部分要低，导致低效应浓度的结果非常严重地依赖于回归模型，从而导致 EC_x 产生更大的不确定度。

用 EC_5 或 EC_{10} 或更低的 EC_1（也有部分 NOEC 在效应 1%左右或更低）替代 NOEC 后，NOEC 不再是无效应浓度的代名词，而是具有明确效应的浓度，1%或 5%或 10%，这样在混合物效应加和性的评估中就赋予了 NOEC 真正的效应，从而可以方便地解释文献中出现的所谓“无中生有”不是协同的问题（Silva et al.，2002）。更详细的解释，可参阅 4.4.4 节。

第 3 章　混合物设计

3.1　引　　言

化学混合物的毒性取决于构成组分的毒性以及这些组分之间的毒性相互作用。对于二元混合物，可采用析因设计方法（Parvez et al.，2008；Shahabadi and Reyhani，2014）设计混合物的浓度配比，通过等效线图（Chen，2009）、毒性单位法（Khan et al.，2012）或浓度加和模型（Bosgra et al.，2009）评估或预测混合物的联合毒性。析因设计或部分析因设计可以降低实验工作量，然而当组分数或水平数增加时，实验工作量成指数幂增加。因此，要完成三个组分以上多元混合物的联合效应研究仍是非常困难的。对于多元混合物，目前大多采用等毒性浓度比法（也称等效应浓度比法）（Hu et al.，2014；Chen et al.，2015）或固定浓度比法或固定比射线设计法（fixed ratio ray design，FRRD）（Moser et al.，2006；Norgaard and Cedergreen，2010）研究某些特殊混合物的联合毒性。等毒性浓度比法常常选择 EC_{50} 比，FRRD 则建议选择相对食谱暴露估计量（Gennings et al.，2004）或实际环境浓度代替等毒性浓度点。然而，无论是等毒性浓度比法（equipotent concentration ratio，EPCR）或等效应浓度比法（equivalent effect concentration ratio，EECR），还是固定比射线设计法，都只考察混合物体系中大量混合物射线中的 1 条特殊混合物射线，因而对其他混合物射线上的混合物没有预测意义。如何设计具有充分代表性的混合物同时又不大幅度增加实验工作量以实现多元混合物毒性的预测，需要有创新的混合物设计方法学研究与探索。

此外，目前混合物联合毒性研究大多集中在二元混合物，通常以 EC_{50} 为基础的毒性单位法来考察混合物毒性相互作用。也有一些研究应用不同毒性单位比设计不同混合物射线来考察混合物的联合毒性变化，但却很少从其他浓度水平或混合物整个剂量–效应曲线对混合物毒性或混合物毒性相互作用进行系统分析，这显然不能全面反映不同浓度区域可能不一样的毒性变化规律。近年来，在“863”计划专题课题、国家自然科学基金、高等学校全国优秀博士学位论文作者专项基金等支持下，引入优化实验设计的思想，发展创建了适用于二元混合物体系的直接均分射线法（direct equipartition ray，EquRay）（Dou et al.，2011）与适用于多元混合物体系的均匀设计射线法（uniform design ray，UD-Ray）（刘树深等，2012；

Liu et al.，2016b），得以系统有效地对多元混合物体系中大量混合物的毒性变化进行合理评估与分析，从而获得混合物体系的毒性变化规律。本章将介绍这些方法的基本原理与应用实例。

3.2 直接均分射线法

3.2.1 基本原理

直接均分射线法（EquRay）（Dou et al.，2011）是一种从二元混合物体系中合理有效选择部分有代表性的混合物浓度点为混合物基本浓度组成（basic concentration composition，BCC），进而以此为基础通过 FRRD 将 BCC 所代表的混合物点扩展成多条射线，通过对这些射线的毒性测试与评估分析获得混合物体系的毒性变化规律。业已说明，要表征一个多元混合物体系，不仅要说明混合物体系的化学组成（由哪些化学物质即组分构成），同时还要说明各个混合物组分的浓度分数（过去常称浓度比）和混合物浓度。即使对于最简单的二元混合物，比如由组分 A 和 B 构成的二元混合物，也是一个混合物体系，其中包括数个具有固定浓度分数（也称浓度比）或混合比（mixture ratio）的多条混合物射线（注意这里某个组分的浓度分数在该混合物射线中是固定不变的，但这条射线中的不同组分可能具有不同的浓度分数），而每一条混合物射线又含有数个不同浓度组成的具体混合物（点）。混合物射线中某个混合物点中某组分的浓度分数定义为某混合物点中该组分的浓度占该混合物点的总浓度（等于其中各组分的浓度之和）的分数，常用 p_i 表示。

EquRay 可系统设计数个混合物点以全面表征二元混合物体系的浓度分布进而全面考察二元混合物的毒性变化规律。EquRay 首先在以两组分 A（如某离子液体 IL）和 B（如农药敌敌畏 DIC）的浓度坐标轴构成的二维平面上，每个组分选择一个参考浓度点（常选 EC_{50}，也可选其他浓度），连接这两个组分的参考点构成一线段，对该线段进行均分获得 k 个均分点，以各均分点（即 BCC）为基础进行 FRRD 扩展，从而得到 k 条混合物射线，通过合适的稀释因子计算这些射线上各不同浓度水平混合物点的浓度分布，最后应用毒性测试方法测试各不同浓度组成混合物点的毒性效应，并进行评估，从而获得混合物体系的毒性变化规律。

EquRay 方法的具体操作过程如下所述。

1. 选择组分 A 和 B 的参考浓度，计算基本浓度组成 BCC

选择毒性测试方法比如微板毒性分析法测试二元混合物中各个组分在不同浓度下的毒性效应，进而进行非线性回归获得拟合 CRC，从拟合曲线中计算不同效应下的效应浓度，比如 EC_{10}、EC_{20}、EC_{30}、EC_{40} 和 EC_{50} 等。从组分 A 和 B 中各选择一个效应浓度为参考点，$EC_{A,ref}$ 和 $EC_{B,ref}$，比如选择各组分的 EC_{50} 为参考点（图 3.1）。然后，连接这两个参考浓度点为一线段，将所连线段进行直接均分，设计数个均分点（图 3.1 中有 $k = 5$ 个均分点）。这些均分点（★）的浓度组成称为该二元混合物体系中多条射线的基本浓度组成（BCC）。

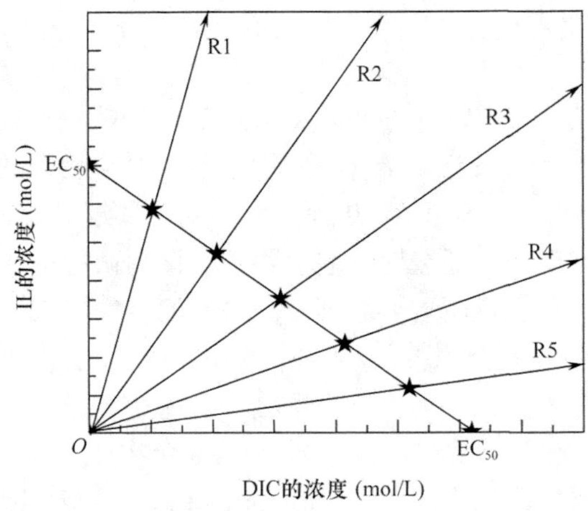

图 3.1　直接均分射线法示意图

设有 k 个均分点，那么第 j 个均分点所代表的混合物的浓度可按式（3.1）计算：

$$
\begin{aligned}
EC_{A,j} &= \frac{(k+1-j)\cdot EC_{A,\mathrm{ref}}}{k+1} \\
EC_{B,j} &= \frac{j\cdot EC_{B,\mathrm{ref}}}{k+1}
\end{aligned}
\tag{3.1}
$$

式中，$EC_{A,j}$ 和 $EC_{B,j}$ 分别为组分 A 和 B 在第 j 个（$j=1, 2, \cdots, k$）均分点的浓度。所有均分点的浓度组成集合称为基本浓度组成。通过 FRRD 方法，即固定每个均分点所代表的混合物中该组成的浓度分数不变，对每个均分点扩展设计多个混合物，从而使每个均分点构成一条混合物射线。

2. 计算各条射线中组分 A 和 B 的浓度分数

在每条射线上的所有混合物中，各组分在不同混合物中的具体浓度虽然各不相同，但浓度分数或混合比在这条射线上的所有混合物中是固定不变的。换句话说，如果在第 j 条射线中组分 A 的浓度分数 $p_{A,j}$ 是 0.4，组分 B 的浓度分数 $p_{B,j}$ 是 0.6，那么，无论该条射线中的哪一个混合物点（总浓度是不同的），其 $p_{A,j}$ 均是

0.4，$p_{B,j}$ 均是0.6。组分的浓度分数可按式（3.2）计算：

$$p_{A,j}=\frac{EC_{A,j}}{EC_{A,j}+EC_{B,j}}=\frac{EC_{A,j}}{C_{mix,j}}$$
$$p_{B,j}=\frac{EC_{B,j}}{EC_{A,j}+EC_{B,j}}=\frac{EC_{B,j}}{C_{mix,j}}=1-p_{A,j} \tag{3.2}$$

式中，$C_{mix,j}$ 是对应混合物点的总浓度。

3. 根据浓度加和原理计算各射线的最大与最小效应浓度

在有关农药混合物联合毒性研究的评述文献中，有人得出结论：目前大部分农药混合物的联合毒性都是浓度加和的（Rodney et al.，2013）。基于此，我们根据浓度加和（concentration addition，CA）原理，对二元混合物可能产生的最大效应浓度和最小效应浓度进行初步估计，以有效设计混合物体系中不同混合物射线的最大效应浓度（$C_{max,j}$）和最小效应浓度（$C_{min,j}$），其中 $j=1,2,3,\cdots,k$ 。

根据CA原理（参见第4章），对于混合物体系中第 j 条射线的最大效应浓度 $C_{max,j}$ 与最小效应浓度 $C_{min,j}$ 满足：

$$\frac{p_{A,j}C_{max,j}}{EC_{A,E\max}}+\frac{p_{B,j}C_{max,j}}{EC_{B,E\max}}=1$$
$$\frac{p_{A,j}C_{min,j}}{EC_{A,E\min x}}+\frac{p_{B,j}C_{min,j}}{EC_{B,E\min}}=1 \tag{3.3}$$

式中，$EC_{A,E\max}$ 和 $EC_{A,E\min}$ 分别是混合物组分 A 单独存在时与混合物最大效应（E_{max}）和最小效应（E_{min}）相同时的效应浓度；$EC_{B,E\max}$ 和 $EC_{B,E\min}$ 分别是混合物组分B单独存在时与混合物最大效应（E_{max}）和最小效应（E_{min}）相同时的效应浓度。

因为在同一条射线(j)中A与B的浓度分数或浓度比是不变的，即 $p_{A,j}$ 和 $p_{B,j}$ 是固定不变的，故可以根据式（3.3）在指定最大效应 E_{max}（比如95%）或最小效应 E_{min}（比如5%）情况下计算第 j 条混合物射线的 $C_{max,j}$ 与 $C_{min,j}$，有

$$C_{max,j}=\left(\frac{p_{A,j}}{EC_{A,E\max}}+\frac{p_{B,j}}{EC_{B,E\max}}\right)^{-1}$$
$$C_{min,j}=\left(\frac{p_{A,j}}{EC_{A,E\min}}+\frac{p_{B,j}}{EC_{B,E\min}}\right)^{-1} \tag{3.4}$$

4. 计算稀释因子与配制储备液

由第 j 条混合物射线的 $C_{\max,j}$ 与 $C_{\min,j}$ 可以计算该射线的稀释因子 F_j。设该射线按稀释因子设置 n 个不同浓度梯度（$C_{i,j}, i=1,2,3,\cdots,n$），则根据稀释因子的定义［式（1.4）］，有

$$F_j = \left(\frac{C_{\min,j}}{C_{\max,j}}\right)^{1/(n-1)} \tag{3.5}$$

混合物储备液浓度（$C_{S,j}$）的最低值原则上应该至少等于该射线最大效应点对应的混合物总浓度的 V_t / V_0，即

$$C_{S,j} = C_{\max,j} \cdot \frac{V_t}{V_o} \tag{3.6}$$

式中，V_0 是待测混合物溶液的体积，V_t 是储备液总体积。例如，在 MTA 方法中，96 孔微板中每孔加入的试液体积是 100 μL（V_0），而加菌液后的总体积是 200 μL（V_t），那么第 j 条射线储备液的最低浓度 $C_{S,j}$ 应为

$$C_{S,j} = C_{\max,j} \cdot \frac{V_t}{V_o} = C_{\max,j} \cdot \frac{200}{100} = 2 \cdot C_{\max,j}$$

即储备液浓度至少应该是第 j 条射线最大效应浓度的 2 倍。根据组分浓度分数的定义，可知在该混合物储备液中，组分 A 和 B 的浓度即 $c_{A,j}$ 和 $c_{B,j}$ 分别是

$$\begin{aligned} c_{A,j} &= p_{A,j} \cdot C_{S,j} \\ c_{B,j} &= p_{B,j} \cdot C_{S,j} \end{aligned} \tag{3.7}$$

5. 计算某射线（j）中各个实体混合物点的浓度

根据稀释因子与该射线混合物最大浓度 $C_{\max,j}$ 可计算某射线（j）中各个实体混合物点的浓度 $C_{i,j}$：

$$C_{i,j} = C_{\max,j} \cdot F_j^{(i-1)} \qquad (i=1,2,3,\cdots,n) \tag{3.8}$$

同理，可对该二元混合物体系中其他均分点（j）对应的相应射线，计算该射线中各组分的 BCC 与各组分浓度分数。根据 CA 原理计算该射线的最小效应浓度与最大效应浓度，进而计算稀释因子并估算储备液浓度。通过稀释因子计算该射线上各个实体混合物点的浓度，最后对各个实体混合物点进行毒性测试与毒性评估。

综上所述，EquRay 是一种适用于对二元混合物体系进行毒性评估所需测试的各实体混合物点中各组分不同浓度水平的系统设计方法，简单直观，容易计算机化。EquRay 通过多条具有代表性的固定比射线有效表征二元混合物体系中混合物混合比多样性和浓度水平多样性；对二元混合物体系中各条混合物射线及各个混合物点的各组分浓度组成可程序化；对 EquRay 设计的混合物进行毒性测试与分析可全面反映二元混合物体系的毒性变化规律。

此外，EquRay 设计的二元混合物既包括了大量混合物毒性评估文献中应用的等毒性浓度比（EPCR）或等效应浓度比（EECR）混合物，也包括了非等效应浓度比混合物。如果以 EC_{50} 比为基本浓度组成，设计 3 个均分点（线段均分为 4 段），那么 EquRay 中这 3 个均分点的浓度坐标分别为（$3/4 \cdot EC_{B,50}, 1/4 \cdot EC_{A,50}$）、（$2/4 \cdot EC_{B,50}, 2/4 \cdot EC_{A,50}$）和（$1/4 \cdot EC_{B,50}, 3/4 \cdot EC_{A,50}$），其中第 2 个均分点所对应的混合物射线就是 EECR 混合物射线，而第 1 与第 3 个均分点所代表的混合物射线则是非等毒性浓度比混合物射线。

EquRay 方法已应用于多个二元混合物体系的混合物设计与毒性评估（窦容妮等，2010；霍向晨等，2013；Zhang et al.，2014；王猛超等，2014；Qu et al.，2016；Qu et al.，2017）。

3.2.2　应用实例

【例 3.1】 以 3 种具有不同时间依赖毒性特征的除草剂，即毒性效应随时间增加而显著增加的嗪草酮（MET）、毒性效应随时间变化不明显的西草净（SIM）以及开始毒性效应随时间增加而后基本不变的环嗪酮（HEX）为混合物组分，分别构成 3 个二元混合物体系，即 MET-SIM、MET-HEX 和 SIM-HEX 体系，应用直接均分射线法（Dou et al.，2011）对每个二元混合物体系设计 3 条混合物射线，通过 FRRD 对每条射线设计 12 个不同浓度水平的二元混合物点，应用时间依赖微板毒性分析方法（Zhang et al.，2013a；Zhang et al.，2013b；林楠等，2013），测试各个混合物点对青海弧菌 Q67 在不同暴露时间（0.25 h、2 h、4 h、8 h、12 h 和 16 h）下的发光抑制毒性，分析与归纳发光抑制毒性随时间的变化规律。那么，如何计算待测试毒性效应的各个具体混合物（3 个体系 ×3 条射线 ×12 个混合物 = 108 个）的浓度水平及其中各组分的浓度？

【解】 对于 MET-SIM 二元混合物体系，计算过程如下所述。

（1）计算两组分（A 和 B）的参考浓度和基本浓度组成

应用时间依赖微板毒性分析法测试得到的三种除草剂（MET、SIM 和 HEX）对发光菌 Q67 的发光抑制毒性效应随时间变化的三维 CRC，如图 3.2 所示。

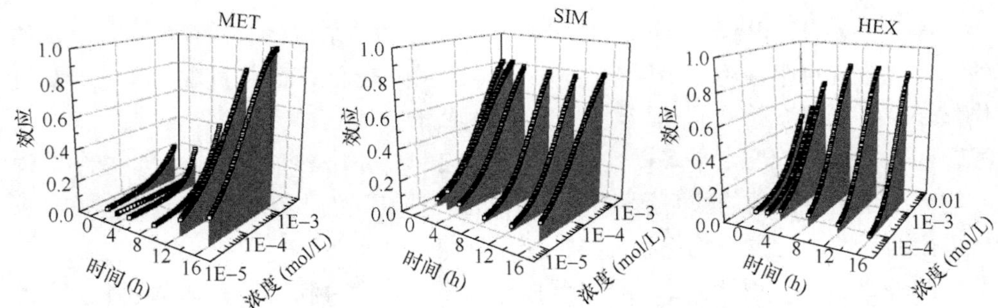

图 3.2　三种除草剂在不同时间和不同浓度水平下发光抑制毒性变化的三维曲线图

从图 3.2 可知，MET 的毒性随时间延长有明显增大的趋势，SIM 的毒性在不同时间没有显著性变化，而 HEX 随着时间的延长毒性开始有所增加，而后变化很小。

由于不同时间点毒性变化不一致，比如 MET 在短时间内毒性很小，最大抑制率小于 20%，因此，为了进行有效的混合物浓度组成或浓度比设计，选 12 h 的半数效应浓度（EC_{50}）为基础进行 EquRay 基本浓度组成（BCC）设计。即以二元混合物体系中各自组分的 EC_{50} 为基点，连接两基点形成一线段，将该线段分为四等分即 3 个均匀点（k =3），各点（j = 1, 2, ⋯, k）两组分浓度即基本浓度组成计算分别为

$$EC_{A,j}=\frac{(k+1-j)\cdot EC_{A,ref}}{k+1}=\frac{(4-j)\cdot EC_{A,50}}{4}$$

$$EC_{B,j}=\frac{j\cdot EC_{B,ref}}{k+1}=\frac{j\cdot EC_{B,50}}{4}$$

式中，参考浓度 $EC_{A,ref}$ 和 $EC_{B,ref}$ 分别从 A 和 B 的拟合 CRC 函数的反函数求得。比如，MET 在 12 h 的拟合 CRC 与 Weibull 函数吻合，经所有子集回归获得的α= 5.02 及β= 1.56；SIM 在 12 h 的拟合 CRC 与 Logit 函数吻合，其中α = 7.57 与β= 2.05。那么，从拟合函数的反函数计算两组分的参考浓度如下所述。

由 Weibull 函数的反函数式（2.3b）可知

$$\begin{aligned}EC_{MET,50}&=x=\mathrm{power}\left(\left[\ln(-\ln(1-f(x)))-\hat{\alpha}\right]/\hat{\beta}\right)\\&=\mathrm{power}([\ln(-\ln(1-05))-5.02]/1.56)=3.525E-4\end{aligned}$$

由 Logit 函数的反函数式（2.2b）可知

$$\begin{aligned}EC_{SIM,50}&=x=\mathrm{power}\left(\left[\ln\left(\frac{f(x)}{1-f(x)}\right)-\hat{\alpha}\right]/\hat{\beta}\right)\\&=\mathrm{power}\left(\left[\ln\left(\frac{0.5}{1-0.5}\right)-7.57\right]/2.05\right)=2.029E-4\end{aligned}$$

（2）计算该体系 3 条射线中两组分（A 和 B）的浓度分数

由此，可计算以 3 个均分点为基础的各射线中各组分的浓度分数为

$$p_{A,j}=\frac{EC_{A,j}}{EC_{A,j}+EC_{B,j}}=\frac{EC_{A,j}}{C_{mix,j}}$$

$$p_{B,j}=\frac{EC_{B,j}}{EC_{A,j}+EC_{B,j}}=\frac{EC_{B,j}}{C_{mix,j}}=1-p_{A,j}$$

在 MET-SIM 二元混合物体系中，单个组分 MET 的参考浓度点为 $EC_{MET,50}=3.525E-4$，单个 SIM 的参考浓度点为 $EC_{SIM,50}=2.029E-4$，则 3 个均分点的浓度坐标分别为

$EC_{MET,1}=\frac{3}{4}\times 3.525\times 10^{-4}=2.64375E-4$，$EC_{MET,2}$=1.7625E−4，$EC_{MET,3}=8.8125E-5$

$EC_{SIM,1}=\frac{1}{4}\times 2.029\times 10^{-4}=5.0725E-5$，$EC_{SIM,2}=1.0145E-4$，$EC_{SIM,3}=1.52175E-4$

3 个均分点对应的射线中各组分的浓度分数分别为

$$p_{MET,1}=\frac{EC_{MET,1}}{EC_{MET,1}+EC_{SIM,1}}=\frac{2.64375}{2.64375+0.50725}=0.8390，\quad p_{SIM,1}=1-0.839=0.161$$

$$p_{MET,2}=\frac{EC_{MET,2}}{EC_{MET,2}+EC_{SIM,2}}=\frac{1.7625}{1.7625+1.0145}=0.6347，\quad p_{SIM,2}=1-0.6347=0.3653$$

$$p_{MET,3}=\frac{EC_{MET,3}}{EC_{MET,3}+EC_{SIM,3}}=\frac{0.88125}{0.88125+1.52175}=0.3667，\quad p_{SIM,3}=1-0.3667=0.6333$$

对于另两个二元混合物体系，即 MET-HEX 和 SIM-HEX 体系，使用与上述同样的方法求得各体系中 3 条射线各组分的浓度分数。结果与相应射线储备液浓度一起列入表 3.1 中。

（3）计算各条射线的高效应浓度和低效应浓度

设混合物射线的高低效应分别为 85%和 10%。那么，从 MET 和 SIM 的拟合 CRC 的反函数计算 10%与 85%效应时的效应浓度分别为

$$EC_{MET,10}=2.185E-5；\quad EC_{MET,85}=1.558E-3$$

$$EC_{SIM,10}=1.720E-5；\quad EC_{SIM,85}=1.424E-3$$

根据式（3.4），计算混合物产生 10%与 85%效应时符合浓度加和模型的效应浓度分别为

$$C_{max,1}=\left(\frac{p_{MET,1}}{EC_{MET,E\max}}+\frac{p_{SIM,1}}{EC_{SIM,E\max}}\right)^{-1}=\left(\frac{0.839}{1.558E-3}+\frac{0.161}{1.424E-3}\right)^{-1}=1.535E-3$$

$$C_{\min,1} = \left(\frac{p_{\text{MET},1}}{\text{EC}_{\text{MET},E\min}} + \frac{p_{\text{SIM},1}}{\text{EC}_{\text{SIM},E\min}} \right)^{-1} = \left(\frac{0.839}{2.185\text{E}-5} + \frac{0.161}{1.720\text{E}-5} \right)^{-1} = 2.094\text{E}-5$$

表 3.1　9 条混合物射线各组分浓度比（*p*）及储备液浓度

编号	混合物射线	*p*（%）			储备液浓度（mol/L）
		MET	SIM	HEX	
1	MET-SIM-R1	83.90	16.10		2.67E–03
2	MET-SIM-R2	63.47	36.53		2.40E–03
3	MET-SIM-R3	36.67	63.33		2.12E–03
4	MET-HEX-R1	65.98		34.02	3.75E–03
5	MET-HEX-R2	39.27		60.73	4.81E–03
6	MET-HEX-R3	17.73		82.27	6.23E–03
7	SIM-HEX-R1		78.18	21.82	2.20E–03
8	SIM-HEX-R2		54.43	45.58	2.83E–03
9	SIM-HEX-R3		28.47	71.53	4.12E–03

（4）计算各条射线稀释因子并安排各个浓度梯度

进一步根据式（3.5），在最小效应浓度到最大效应浓度之间共设置 12 个浓度梯度（$n = 12$），则可计算射线的稀释因子 F。比如，第 1 个均分点射线的稀释因子为

$$F_1 = \left(\frac{C_{\min,j}}{C_{\max,j}} \right)^{1/(n-1)} = \left(\frac{2.094\text{E}-5}{1.535\text{E}-3} \right)^{1/(12-1)} = 0.6769$$

那么根据式（3.8），可计算该射线的各个浓度梯度。比如，第 1 个均分点射线上的 12 个浓度分别为

$$C_{1,i} = C_{\max,1} \cdot F_1^{(i-1)} = 1.535\text{E}-3 \times 0.6769^{(i-1)} \quad i = 1, 2 \cdots 12$$

得

$C_{1,1} = 1.535\text{E}-3$；$C_{1,2} = 1.039\text{E}-3$；$C_{1,3} = 7.033\text{E}-4$；$C_{1,4} = 4.761\text{E}-4$；$C_{1,5} = 3.223\text{E}-4$；$C_{1,6} = 2.181\text{E}-4$；$C_{1,7} = 1.477\text{E}-4$；$C_{1,8} = 9.995\text{E}-5$；$C_{1,9} = 6.766\text{E}-5$；$C_{1,10} = 4.580\text{E}-5$；$C_{1,11} = 3.100\text{E}-5$；$C_{1,12} = 2.098\text{E}-5$。

同理，可计算该混合物体系其他均分点对应射线中各个实体混合物的浓度。

参照 MET-SIM 体系的计算方法，同样可计算 SIM-HEX 和 MET-HEX 体系中各 3 条射线 12 个实体混合物点的浓度。

通过时间依赖微板毒性分析法（t-MTA）对所有 3 个二元混合物体系中 9 条射线的 9 × 12 = 108 个混合物点在不同时间下的发光抑制毒性进行测试，并做不同时间下各射线的三维曲线图，如图 3.3 所示。

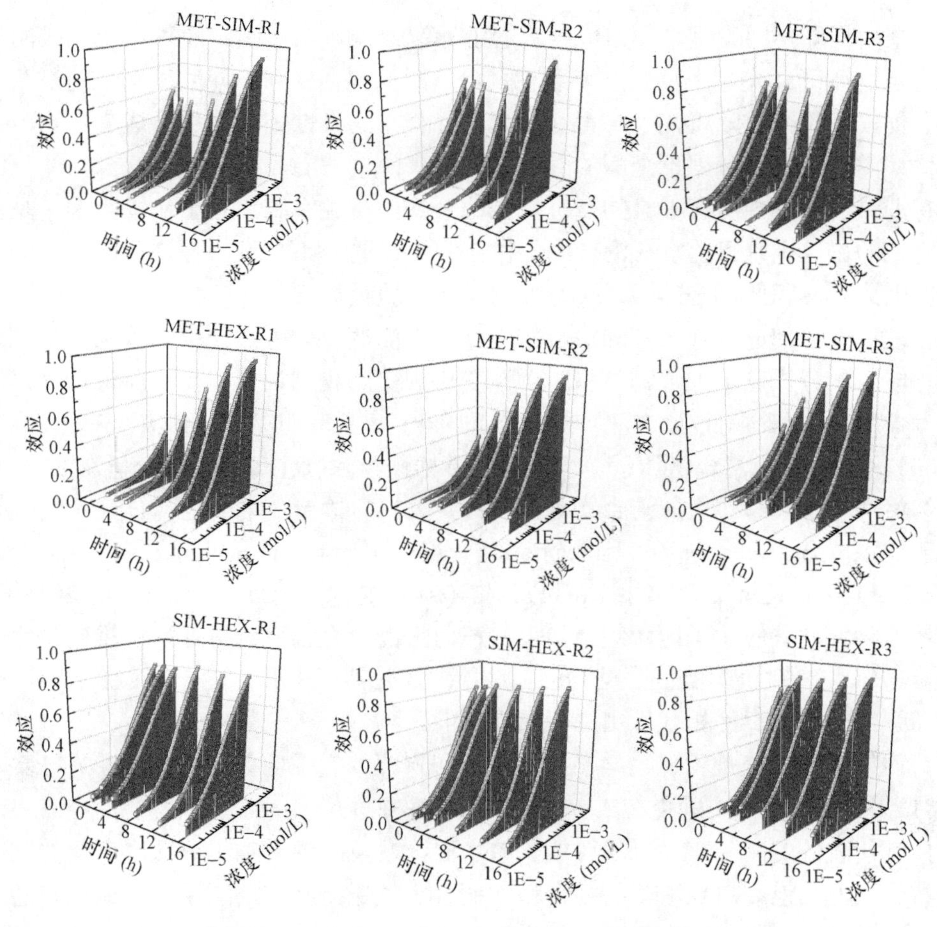

图 3.3　9 条混合物射线在不同时间的三维 CRC 图

3.3　均匀设计射线法

3.3.1　概述

目前，化学混合物毒性评估方法绝大多数只适用于二元混合物。对于多元混合物，一般采用等毒性/等效应浓度比法（EECR）或固定（浓度）比射线设计（FRRD）考察其中几个特殊混合物，很难模拟实际环境中化学混合物体系多种混合比及多种浓度水平的多样性，因而不能预测混合比不同与浓度水平各异的其他混合物的毒性。要实现不同混合比及不同浓度水平混合物联合毒性的真正预测，必须先获得一组能有效表征多元混合物浓度分布多样性的代表性混合物样本，测定其毒性，建立这些样本浓度与毒性之间的模型，才有可能对未知混合物的毒性进行准确预测。众所周知，即使是化学组成确定的多元混合物体系（比如 5 种农药构成的五元混合物体系），实际上也是一个含有大量不同与混合比和不同浓度水平的复杂体系，仅仅用一个或随机几个等毒性浓度比混合物的毒性规律来推导这个多元混合物体系的毒性规律是很不全面的，也是不合理的。然而，要对一个混合物体系的所有混合物射线中所有混合物点进行全面系统的毒性实验，其工作量巨大，是很难完成的，这也是目前多元混合物毒性研究中仅选择 1 条等毒性浓度比射线的主要原因之一。因此，必须引入更有效的优化实验设计方法，从大量混合物库中有效合理地选择部分有代表性的混合物进行毒性测试，以大大减少实验工作量，这样才能合理分析复杂混合物体系的毒性变化规律。我们认为，在目前大量优化实验设计中，只有均匀设计方法（方开泰，1980；王元和方开泰，1981；Fang et al.，2000）最适合多元混合物体系中浓度组成多样性与浓度比多样性的分析。10 年前，我们将均匀设计思想引入混合物毒性研究，并结合固定比射线设计创建了均匀设计射线法（uniform design concentration ratio or uniform design ray，UDCR or UD-Ray）（Zhang et al.，2008；Liu et al.，2009；刘树深等，2012；Liu et al.，2016b），有效地将目前只应用于两两组合最多三三组合的混合物联合毒性研究推向多组分混合物体系，使合理系统地分析五元、六元、八元甚至十五元混合物（Zhang et al.，2010）的毒性及毒性相互作用规律成为可能。

均匀设计方法是我国数学家王元院士和方开泰教授创立的（王元和方开泰，1981），是一种可使实验点在实验范围内均匀散布的优化实验设计方法，能有效地选择有代表性的实验点，以尽可能少的实验次数反映混合物组分浓度变化的均匀分布。该方法已在自然科学与社会科学的各个领域得到广泛应用。我们创建的均匀设计射线法（UD-Ray）首先根据多元混合物中各组分的浓度分布计划合适的因素（多元混合物组分）–水平（各组分浓度）表，选择合适的均匀设计表（uniform table）和相应的使用表（usage table），设计混合物体系中多条混合物射线各组分的基本浓度组成（basic concentration composition，BCC），以 BCC 为基础，计算各射线中各组分的浓度分数（也称混合比或浓度比），固定该浓度分数，采用逐渐稀释方法将每一个 BCC 所代表的混合物点扩展成一条射线（即应用 FRRD 设计多个不同浓度水平的混合物点），从而获得混合物体系中多种浓度比（即混合比）及浓度水平的各种代表性混合物，以全面有效地表征多元混合物混合比多样性和浓度水平多样性。

3.3.2　均匀表与使用表

UD-Ray 首先利用均匀设计实验中的均匀表和相应使用表设计混合物体系中各混合物射线的 BCC。然而，通常情况下，均匀设计方法给出的均匀表与使用表不是针对多元混合物设计的，且有关均匀设计的文献中只有部分均匀表与使用表在多元混合物毒性研究中是可用的。因此，很多情况下必须根据均匀设计的基本原理自行计算均匀表，特别是使用表。

均匀表也称均匀设计基本表，可用符号“$U_n(n^s)$”表示，其中实验次数 n（U 的下标 n）等于因素的水平数 n，在基本表中，n（非下标）是因素水平数，且等于实验次数，s 是最大因素个数。在这个基本表中，当 n 为奇数时，因素个数 $s \leqslant (n-1)$；当 n 为质数时，$s = (n-1)$。

1. 构建均匀设计基本表 $U_n(n^s)$ 的原理及算法

1）U 表的第 1 列元素为 1, 2, 3, …, n；即 $u(i, 1)= i$。

2）U 表的第 1 行由一切小于 n 的正整数 $a(j)$构成，但 $a(j)$与 n 之间没有大于 1 的最大公约数。如 $U_9(9^s)$表中第 1 行元素为 $a(j)$= 1, 2, 4, 5, 7, 8，即 $s = 6$，为 $U_9(9^6)$，最多只能有 6 个因素。之所以没有因素 3 和 6 是因为它们与 $n = 9$ 有最大公约数 2 和 3。又如，$U_{15}(15^s)$表中第 1 行元素为 $a(j)$= 1, 2, 4. 7, 8, 11, 13, 14，即 $s = 8$，为 $U_{15}(15^8)$，最多只能有 8 个因素。其中没有因素 3, 5, 6, 9, 10 和 12，是因为它们与 $n = 15$ 有最大公约数 2, 3, 4 和 5。

3）U 表的第 i 行第 j 列元素 $u(i, j)$满足下列关系式：

$$u(i,j)=\begin{cases} i\cdot a(j) & if\ i\cdot a(j)\leqslant n \\ i\cdot a(j)-k\cdot n & if\ i\cdot a(j)>n \end{cases} \tag{3.9}$$

式中，k 等于：

当 $i\times a(j)/n$ 为整数时，$k=i\times a(j)/n-1$；当 $i\times a(j)/n$ 不为整数时，$k=\text{int}[i\times a(j)/n]$。

2. 从均匀设计表构建使用表的原理及算法

在构建不同因素 s 的使用表时，应计算不同因素列组合的均匀性偏差 $f(x_1,x_2,\cdots,x_s)$，并据此偏差最小原理来决定不同因素 s 所应选择的列组合，即使用表中的某一行。可采用所有子集算法完成使用表优化计算。

$$f(x_1,x_2,\cdots,x_s)=\frac{1}{n}\cdot\sum_{i=1}^{n}\prod_{j=x_1}^{x_s}\left(1-\frac{2}{\pi}\cdot\ln\left[2\cdot\sin\left(\pi\cdot\frac{u(i,j)}{n+1}\right)\right]\right) \tag{3.10}$$

根据上述构建均匀表规则，可以导出在多元混合物（比如多至 30 个组分的三十元混合物）研究中常见的一些均匀表名称如下：

$U_5(5^4)$，$U_7(7^6)$，$U_9(9^6)$，$U_{11}(11^{10})$，$U_{13}(13^{12})$，$U_{15}(15^8)$，$U_{17}(17^{16})$，$U_{19}(19^{18})$，$U_{21}(21^{12})$，$U_{23}(23^{22})$，$U_{25}(25^{20})$，$U_{27}(27^{18})$，$U_{29}(29^{28})$，$U_{31}(31^{30})$，

$U_{33}(33^{20})$。

根据均匀性偏差最小原则，可导出每个均匀表对应的使用表。使用表的作用是了解当实际混合物中组分数小于均匀表中的最大因素数（s）时，应该选择均匀表中的哪些列（列组合）来设计优化实验。

最常使用的均匀表与使用表，比如适用于 3～10 元混合物毒性研究的基本均匀表与使用表，如表 3.2 至表 3.5 所示。在这些均匀表中，第 1 行（组分标题行）对应混合物中的各个组分（即均匀设计实验中的因子）序号，如表 3.2a 中第 1 行的 1，2，3，4 对应四元混合物中的 4 个组分序号；第 1 列（射线标题列）为设计的各混合物射线（即优化实验）序号，如表 3.2a 中第 1 列的 1，2，3，4，5 对应 5 条混合物射线的序号。

表 3.2a　U_5（5^4）均匀表

Ray	1	2	3	4
1	1	2	3	4
2	2	4	1	3
3	3	1	4	2
4	4	3	2	1
5	5	5	5	5

表 3.2b　U_5（5^4）的使用表

m	列组合
2	1，2
3	1，2，3
4	1，2，3，4

表 3.3a　U_7（7^6）均匀表

Ray	1	2	3	4	5	6
1	1	2	3	4	5	6
2	2	4	6	1	3	5
3	3	6	2	5	1	4
4	4	1	5	2	6	3
5	5	3	1	6	4	2
6	6	5	4	3	2	1
7	7	7	7	7	7	7

表 3.3b　U_7（7^6）的使用表

m	列组合
2	1，3
3	1，2，3
4	1，2，3，5
5	1，2，3，4，5
6	1，2，3，4，5，6

表 3.4a　U_9（9^6）均匀表

Ray	1	2	3	4	5	6
1	1	2	4	5	7	8
2	2	4	8	1	5	7
3	3	6	3	6	3	6
4	4	8	7	2	1	5
5	5	1	2	7	8	4
6	6	3	6	3	6	3
7	7	5	1	8	4	2
8	8	7	5	4	2	1
9	9	9	9	9	9	9

表 3.4b　U_9（9^6）的使用表

m	列组合
2	1，3
3	1，3，5
4	1，2，3，5
5	1，2，3，4，5
6	1，2，3，4，5，6

均匀表为优化实验中各因素的水平序号表，即混合物射线中各组分的浓度水平序号表。均匀表中第 i 行第 j 列的元素 $U_{i,j}$ 表示第 i 条射线中第 j 个组分的浓度水平序号。例如，在表 3.4a 中，3 个黑斜体数字 8、3 和 5 分别表示第 4 条混合物射线（对应第 4 次实验）中第 2 个组分（对应第 2 个因素）的浓度（对应第 2 个因素的水平）序号为 8、第 6 条混合物射线（对应第 6 次实验）中第 4 个组分（对应第 4 个因素）的浓度（对应第 4 个因素的水平）序号为 3 和第 2 条混合物射线（对应第 2 次实验）中第 5 个组分（对应第 5 个因素）的浓度（对应第 5 个因素的水平）序号为 5。各组分水平序号具体代表的浓度大小由仔细规划的因素（混合物组分）–水平（组分浓度）表确定。

表 3.5a　U_{11}（11^{10}）均匀表

Ray	1	2	3	4	5	6	7	8	9	10
1	1	2	3	4	5	6	7	8	9	10
2	2	4	6	8	10	1	3	5	7	9
3	3	6	9	1	4	7	10	2	5	8
4	4	8	1	5	9	2	6	10	3	7
5	5	10	4	9	3	8	2	7	1	6
6	6	1	7	2	8	3	9	4	10	5
7	7	3	10	6	2	9	5	1	8	4
8	8	5	2	10	7	4	1	9	6	3
9	9	7	5	3	1	10	8	6	4	2
10	10	9	8	7	6	5	4	3	2	1
11	11	11	11	11	11	11	11	11	11	11

表 3.5b　U_{11}（11^{10}）的使用表

m	列组合
2	1，7
3	1，5，7
4	1，2，5，7
5	1，2，3，5，7
6	1，2，3，5，7，8
7	*1，2，3，4，5，7，10*
8	1，2，3，4，5，6，7，10
9	1，2，3，4，5，6，7，8，9，
10	1，2，3，4，5，6，7，8，9，10

表 3.6a　U_9（5^6）均匀表

Ray	1	2	3	4	5	6
1	1	1	2	3	4	4
2	1	2	4	1	3	4
3	2	3	2	3	2	3
4	2	4	4	1	1	3
5	3	1	1	4	4	2
6	3	2	3	2	3	2
7	4	3	1	4	2	1
8	4	4	3	2	1	1
9	5	5	5	5	5	5

表 3.6b　U_9（5^6）的使用表

m	列组合
2	1，6
3	1，3，5
4	1，2，5，6
5	1，3，4，5，6
6	1，2，3，4，5，6

当实际混合物体系中组分数少于均匀表中的因素数时，应该使用均匀表对应的使用表来选择均匀表中的优化因素列。例如，当选择$U_{11}(11^{10})$（表 3.5a）设计七元混合物体系中 11 条射线的基本浓度组成 BCC 时，七元混合物体系中的组分数（$m = 7$）少于均匀表中最大因子数 10（共 10 列），那么该使用均匀表中的哪 7 列来安排 7 个组分（因素）？其原则是选定的 7 列能保证均匀表的均匀性偏差最小，使用表（表 3.5b）就是保证选择列组合时均匀性最佳的表。由表 3.5b 可知，当 $m = 7$ 时，应该选择使用表中 m 为 7 的列组合，即选择均匀表中第 1，2，3，4，5，7 和 10 列，而另外 3 列（第 6，8，9 列）应删去。

3. 拟水平处理的一般操作

由于在化学混合物毒性研究中，一般因素个数较多，而要进行毒性实验的各组分浓度水平数即安排的浓度个数不宜过多，一般 5～6 个，最多 10～12 个，且常常选择低效应水平所对应的浓度，如 EC_5，EC_{10}，EC_{15}，EC_{20}，EC_{30} 和 EC_{50} 等。为了降低或减少均匀表中各因素的水平数即各混合物组分的浓度水平数，常常需要对多个浓度水平特别是组分数大于 7 的浓度水平数进行必要的合并，即进行所谓拟水平处理，从而减少实际操作的浓度水平数。处理原则主要考虑均匀性，当几个水平合并成一个新水平即拟水平后，均匀表的均匀性随即将发生改变，相应使用表需要重新计算。2 个典型的拟水平均匀表和使用表如表 3.6 与表 3.7 所示。

如表 3.5a 所示，U_{11}（11^{10}）表中除最后 1 个最高浓度水平直接作为第 6 个水平外，前面 10 个水平可合并为 5 个新的拟水平，即做如下处理：

（1，2）$\rightarrow$1；（3，4）$\rightarrow$2；（5，6）$\rightarrow$3；（7，8）$\rightarrow$4；（9，10）$\rightarrow$5；（11）$\rightarrow$6。

做上述拟水平处理后，U_{11}（11^{10}）表转变为 U_{11}（6^{10}）表，如表 3.7a 所示。拟水平处理后，均匀性发生了变化，此时的使用表变为如表 3.7b 所示。比较表 3.5b 与表 3.7b 可知，除最后两行相同外，其他的列组合都不相同，表明拟水平后均匀性确实发生了改变，提示在做拟水平处理后，应该重新优化使用表的列组合。

由于均匀表都是奇数实验表，最后 1 条射线（最后 1 次实验）总是所有组分（因素）的最高水平并总为奇数，一般不做拟水平处理。所以，实验次数减 1 或射线数减 1 能否被实验水平数减 1 整除是可否做拟水平处理的必要条件。若能，则可作拟水平处理；若不能，则不宜作拟水平处理，需另行设计实验浓度水平。例如，实验次数为 11 的均匀设计实验中，其水平数只能取 11、6 或 3，因为实验次数减 1 即（$11 - 1 = 10$）可被水平数减 1 即（$11 - 1 = 10$）、（$6 - 1 = 5$）和（$3 - 1 = 2$）整除。拟水平处理如下：

当水平数为 11 时：（i）$\rightarrow i$，$I = 1$，2，3，…，11。即不做处理。

表 3.7a　U_{11}（6^{10}）均匀表

Ray	1	2	3	4	5	6	7	8	9	10
1	1	1	2	2	3	3	4	4	5	5
2	1	2	3	4	5	1	2	3	4	5
3	2	3	5	1	2	4	5	1	3	4
4	2	4	1	3	5	1	3	5	2	4
5	3	5	2	5	2	4	1	4	1	3
6	3	1	4	1	4	2	5	2	5	3
7	4	2	5	3	1	5	3	1	4	2
8	4	3	1	5	4	2	1	5	3	2
9	5	4	3	2	1	5	4	3	2	1
10	5	5	4	4	3	3	2	2	1	1
11	6	6	6	6	6	6	6	6	6	6

表 3.7b　U_{11}（6^{10}）的使用表

m	列组合
2	*1，10*
3	*1，3，10*
4	*1，3，8，10*
5	*1，2，3，8，9*
6	*1，3，4，7，8，10*
7	*1，2，3，4，7，8，10*
8	*1，3，4，5，6，7，8，10*
9	1，2，3，4，5，6，7，8，9，
10	1，2，3，4，5，6，7，8，9，10

当水平数为 6 时：（1，2）→1；（3，4）→2；（5，6）→3；（7，8）→4；（9，10）→5；（11）→6。

当水平数为 3 时：（1，2，3，4，5）→1；（6，7，8，9，10）→2；（11）→3。

3.3.3　基本浓度组成

对于 1 个具有确定化学组成的多元（*m* 元）混合物体系，其中多条混合物射线中各组分的浓度变化即混合物射线的基本浓度组成，可根据实际毒性测试中各组分的浓度水平，选择合适的均匀表进行设计。首先，根据混合物实验中混合物组分数（因素数）及各组分（因素）浓度水平建立因素–水平表（factor-level table，FLT）。一个五因素（F1，F2，F3，F4，F5）–七水平（L1，L2，L3，…，L7）或四水平（L1，L2，L3，L4）的 FLT 表，示例于表 3.8 中。表中各组分（因素 F1，F2，F3，F4 和 F5）的各个效应浓度（EC_x）如 EC_{0} 等可从相应混合物组分的拟合 CRC 模型的反函数计算获得，或通过毒性测试选择相关效应浓度。

表 3.8a　五因素–七水平 FLT 表

水平	F1	F2	F3	F4	F5
L1	EC_{05}	EC_{05}	EC_{05}	EC_{05}	EC_{05}
L2	EC_{10}	EC_{10}	EC_{10}	EC_{10}	EC_{10}
L3	EC_{15}	EC_{15}	EC_{15}	EC_{15}	EC_{15}
L4	EC_{20}	*EC_{20}*	EC_{20}	EC_{20}	EC_{20}
L5	EC_{25}	EC_{25}	EC_{25}	EC_{25}	EC_{25}
L6	EC_{30}	EC_{30}	EC_{30}	EC_{30}	EC_{30}
L7	EC_{50}	EC_{50}	EC_{50}	EC_{50}	EC_{50}

表 3.8b　五因素–四水平 FLT 表

拟水平	F1	F2	F3	F4	F5
L1	EC_{10}	EC_{10}	EC_{10}	EC_{10}	EC_{10}
L2	EC_{20}	EC_{20}	EC_{20}	EC_{20}	EC_{20}
L3	EC_{30}	EC_{30}	EC_{30}	EC_{30}	EC_{30}
L4	EC_{50}	EC_{50}	EC_{50}	EC_{50}	EC_{50}

将 FLT 表中各组分的浓度水平（EC_x）代入均匀表中相应因素的水平号，可获得所谓的基本浓度组成表。例如，将表 3.8a 中的第 2 个因素（F2）的第 4 个水平（L4）对应的效应浓度（EC20）代入均匀表中第 2 个组分对应列的水平号为 4 的栏中即得各射线的基本浓度组成（BCC）。根据表 3.3b，从表 3.3a 中选择第 1，2，3，4，5 列如表 3.9a，代入 FLT 表中的效应浓度，结果如表 3.9b。

表 3.9a　五组分七射线水平序号表

Ray	1	2	3	4	5
1	1	2	3	4	5
2	2	4	6	1	3
3	3	6	2	5	1
4	4	1	5	2	6
5	5	3	1	6	4
6	6	5	4	3	2
7	7	7	7	7	7

表 3.9b　五组分在各射线中的基本浓度组成

Ray	1	2	3	4	5
1	EC_{05}	EC_{10}	EC_{15}	EC_{20}	EC_{25}
2	EC_{10}	EC_{20}	EC_{30}	EC_{05}	EC_{15}
3	EC_{15}	EC_{30}	EC_{10}	EC_{25}	EC_{05}
4	EC_{20}	EC_{05}	EC_{25}	EC_{10}	EC_{30}
5	EC_{25}	EC_{15}	EC_{05}	EC_{30}	EC_{20}
6	EC_{30}	EC_{25}	EC_{20}	EC_{15}	EC_{10}
7	EC_{50}	EC_{50}	EC_{50}	EC_{50}	EC_{50}

应该指出，不同组分的 EC_x 是不相同的。比如 5 个组分都有 EC_{20}，但各个组分的 EC_{20} 值是各不相同的。

对比具体优化实验中使用的均匀表（也称实验方案）和混合物基本浓度组成表可知，均匀表中的优化实验数对应 BCC 表中的混合物射线数，实际因素数对应组分数，因素水平数或拟水平数对应组分的浓度水平数。

特别要注意的是，针对多元混合物的具体情况设计 BCC 选择均匀表时，有关实验数（EN）、因素数（FN）及水平数（LN）必须满足均匀设计的基本要求，在多元混合物中遇到的常见情况如表 3.10。

例如，对于一个六元（FN = 6）混合物体系，可选择 9 次（EN = 9）实验（9 条射线）或 7 次（EN = 7）实验（7 条射线）的均匀表，各因素水平数可选 9，5，3（LN = 9，5，3）或 7，4，3（LN = 7，4，3）。如果认为射线数少了，代表性不够的话，还可选择射线数更多的均匀表，比如 11 条射线的均匀表，并按使用表，选择其中的第 1，2，3，5，7，8 列（当因素水平数选择 11 时）或第 1，3，4，7，8，10（当因素水平数选择 6 时）来设计各射线的 BCC。

由于混合物实验中浓度水平数常常受到限制，常常为 5～8 个，很少超过 12 个。当水平数超出范围时，必须进行拟水平处理，即将某些水平合并为一个新水平以减少水平数。表 3.10 中提供了进行拟水平处理的可能拟水平数。例如，用均匀表设计 33 个射线的 20 个组分的二十元混合物的 BCC 时，可进行拟水平处理，

表 3.10　均匀设计中优化实验数 EN 与因素数 FN、水平数 LN 及可拟水平数关系表

EN	FN	LN	可拟水平数	对应均匀表
5	4	5	3	$U_5(5^3)$，$U_5(3^3)$
7	6	7	4，3	$U_7(7^6)$，$U_7(4^6)$，$U_7(3^6)$
9	6	9	5，3	$U_9(9^6)$，$U_9(5^6)$
11	***10***	***11***	***6，3***	$U_{11}(11^{10})$，$U_{11}(6^{10})$
13	12	13	7，5，4，3	$U_{13}(13^{12})$，$U_{13}(7^{12})$，$U_{13}(5^{12})$
15	8	15	8，3	$U_{15}(15^8)$，$U_{15}(8^8)$
17	16	17	9，5，3	$U_{17}(17^{16})$，$U_{17}(9^{16})$，$U_{17}(5^{16})$
19	18	19	10，7，4，3	$U_{19}(19^{18})$，$U_{19}(10^{18})$，$U_{19}(7^{18})$
21	12	21	11，6，5，3	$U_{21}(21^{12})$，$U_{21}(11^{12})$，$U_{21}(6^{12})$，$U_{21}(5^{12})$
23	22	23	12，2	$U_{23}(23^{22})$，$U_{23}(12^{22})$
25	20	25	13，9，7，5，4，3	$U_{25}(25^{20})$，$U_{25}(13^{20})$，$U_{25}(9^{20})$，$U_{25}(7^{20})$
27	18	27	14，3	$U_{27}(27^{18})$，$U_{27}(14^{18})$
29	28	29	15，8，5，3	$U_{29}(29^{28})$，$U_{29}(15^{28})$，$U_{29}(8^{28})$
31	30	31	16，11，7，6，4，3	$U_{31}(31^{30})$，$U_{31}(16^{30})$，$U_{31}(11^{30})$，$U_{31}(7^{30})$，$U_{31}(6^{30})$
33	20	33	17，9，5，3	$U_{33}(33^{20})$，$U_{33}(17^{20})$，$U_{33}(9^{20})$
35	24	35	18，3	$U_{35}(35^{24})$，$U_{35}(18^{24})$
37	36	37	19，13，10，7，5，4，3	$U_{37}(37^{36})$，$U_{37}(19^{36})$，$U_{37}(13^{36})$，$U_{37}(10^{36})$，$U_{37}(7^{36})$
39	24	39	20，3	$U_{39}(39^{24})$，$U_{39}(20^{24})$
41	40	41	21，11，9，6，3	$U_{41}(41^{40})$，$U_{41}(21^{40})$，$U_{41}(11^{40})$，$U_{41}(9^{40})$
43	42	43	22，15，8，7，4，3	$U_{43}(43^{42})$，$U_{43}(22^{42})$，$U_{43}(15^{42})$，$U_{43}(8^{42})$，$U_{43}(7^{42})$
45	24	45	23，12，5，3	$U_{45}(45^{24})$，$U_{45}(23^{24})$，$U_{45}(12^{24})$
47	46	47	24，3	$U_{47}(47^{46})$，$U_{47}(24^{46})$
49	42	49	25，13，9，7，5，4，3	$U_{49}(49^{42})$ $U_{49}(25^{42})$ $U_{49}(13^{42})$ $U_{49}(9^{42})$ $U_{49}(7^{42})$
51	32	51	26，11，6，3	$U_{51}(51^{32})$，$U_{51}(26^{32})$，$U_{51}(11^{32})$
53	52	53	27，14，3	$U_{53}(53^{52})$，$U_{53}(27^{52})$，$U_{53}(14^{52})$

其可能水平数为：17，9，5，3。当然，水平数为 3 和 5 特别是 3 时，不能很好地反映浓度水平的充分变化，宜选 9 个水平或 17 个水平，最好是 9 个水平。即

（1，2，3，4）$\to$ 1；

（5，6，7，8）$\to$ 2；

（9，10，11，12）$\to$ 3；

（13，14，15，16）$\to$ 4；

（17，18，19，20）$\to$ 5；

（21，22，23，24）$\to$ 6；

（25，26，27，28）$\to$ 7；

（29，30，31，32）$\to$ 8；

（33）$\to$ 9。

3.3.4　UD-Ray 基本步骤

均匀设计射线（UD-Ray）法首先应用均匀表设计各混合物射线的基本浓度组成 BCC，然后以 BCC 为基础，通过 FRRD 将各 BCC 所代表的混合物点扩展为包括多个浓度水平的混合物射线，以充分表征混合物体系中各组分浓度的变化，实现各种混合比和浓度水平混合物的毒性预测。UD-Ray 适用于考察三元及三元以上多元混合物在不同浓度区域的毒性变化规律。基本过程如下所述。

（1）设计各射线的 BCC

对于包含 m 个组分的多元混合物体系，在表 3.10 中选择 FN 大于等于 m（一般是等于或稍大于）的行，确定混合物射线数（RayN）即优化实验数 EN；然后，在该行中选择合适的可拟水平数；进而选择合适的均匀表；根据相应均匀表对应的使用表，以实际组分数确定选择均匀表的列组合（称实验方案）；根据混合物体系中各个组分的 CRC，规划各个组分的浓度水平，确定 FLT 表；将各组分浓度水平所对应的水平序号代入实验方案表中相应组分的水平序号即可。例如，对于简单的四元混合物体系，在表 3.10 中选择 FN = 4 或 6 的行，设计 5 条或 7 或 9 条混合物射线；如果选择 7 条射线，则各组分可选择 7，4 或 3 个浓度水平；如果选择 7 个水平，则选择均匀表 $U_7(7^6)$（参见表 3.3a）；因为是四元混合物，根据相应的使用表（表 3.3b），应选择 $U_7(7^6)$ 中的第 1，2，3 和 5 列来设计实验方案表；选择并计算各个组分的 7 个效应浓度（如 EC_{10}，EC_{15}，EC_{20}，EC_{25}，EC_{30}，EC_{35} 和 EC_{50}）作为 7 个水平，并制作四因素–七水平的 FLT 表；将各个组分的效应浓度分别代入实验方案表的相应水平序号。

（2）计算射线中各组分的浓度分数

根据各射线的 BCC 数据，计算第 j 条射线第 i 个组分在该射线中的浓度分数 $p_{i,j}$。设第 j 条射线在某效应 x 时的总浓度为 $C_{\mathrm{mix},j}$：

$$C_{\mathrm{mix},j} = \sum_{i=1}^{m} \mathrm{EC}_{i,j} \tag{3.11}$$

式中，$\mathrm{EC}_{i,j}$ 是第 j 条射线在效应为 x 时第 i 个组分的浓度。那么浓度分数 $p_{i,j}$ 或混合比定义为

$$p_{i,j} = \frac{\mathrm{EC}_{i,j}}{C_{\mathrm{mix},j}} \tag{3.12}$$

（3）根据浓度加和原理计算各射线的最大与最小效应浓度

按浓度加和原理（参见第 4 章）计算第 j 条射线的最大效应浓度 $C_{\max,j}$ 与最小效应浓度 $C_{\min,j}$：

$$\begin{aligned} \sum_{i=1}^{m} \frac{p_{i,j} C_{\max,j}}{\mathrm{EC}_{i,\max}} = 1 \\ \sum_{i=1}^{m} \frac{p_{i,j} C_{\min,j}}{\mathrm{EC}_{i,\min}} = 1 \end{aligned} \tag{3.13}$$

式中，$\mathrm{EC}_{i,\max}$ 和 $\mathrm{EC}_{i,\min}$ 分别是第 i 个混合物组分单独存在时与混合物最大效应（$E_{\max}$）和最小效应（$E_{\min}$）相同时的效应浓度。

因为在同一条射线（j）中，$C_{\max,j}$ 与 $C_{\min,j}$ 不随组分 i 的变化而变化，即是常数，可以从加和号提出，故对式（3.13）做简单变换，就可计算混合物最大效应 $E_{\max}$（比如 95%）与最小效应 $E_{\min}$（比如 5%）下第 j 条混合物射线的 $C_{\max,j}$ 与 $C_{\min,j}$：

$$\begin{aligned} C_{\max,j} = \left(\sum_{i=1}^{m} \frac{p_{i,j}}{\mathrm{EC}_{i,\max}} \right)^{-1} \\ C_{\min,j} = \left(\sum_{i=1}^{m} \frac{p_{i,j}}{\mathrm{EC}_{i,\min}} \right)^{-1} \end{aligned} \tag{3.14}$$

（4）计算稀释因子与配制储备液

由第 j 条混合物射线的 $C_{\max,j}$ 与 $C_{\min,j}$ 可以计算该射线的稀释因子 F_j。设该射线按稀释因子设置 n 个不同浓度梯度（$C_{i,j}, i = 1,2,3,\cdots,n$），则根据稀释因子的定义［式（1.4）］，有

$$F_j = \left(\frac{C_{\min,j}}{C_{\max,j}} \right)^{1/(n-1)} \tag{3.15}$$

储备液浓度的最低值原则上应该等于该射线最大效应点对应的混合物浓度的 V_t / V_0，即

$$C_{S,j} = C_{\max,j} \cdot \frac{V_t}{V_0} \tag{3.16}$$

式中，V_0 是混合物溶液的体积，V_t 是总体积。$C_{S,j}$ 是对应第 j 条射线应配制的储备液的最低浓度，其中各组分的浓度 $c_{i,j}$ 为

$$c_{i,j} = p_{i,j} \cdot C_{S,j} \quad (i = 1, 2, \cdots, m) \tag{3.17}$$

（5）计算某射线（j）中各个实体混合物点的浓度梯度

根据稀释因子与该射线混合物最大浓度 $C_{\max,j}$ 可计算某射线（j）中各个实体混合物点的浓度梯度 $C_{k,j}$：

$$C_{k,j} = C_{\max,j} \cdot F_j^{(k-1)} \qquad (k = 1, 2, 3, \cdots, n) \tag{3.18}$$

同理，可对该多元混合物体系中其他均分点（j）对应的相应射线，计算该射线中各组分的 BCC 与各组分浓度分数，根据 CA 原理计算该射线的最小效应浓度与最大效应浓度，进而计算稀释因子并估算储备液浓度，通过稀释因子计算该射线上各个实体混合物点的浓度，最后对各个实体混合物点进行毒性测试与毒性评估。

3.3.5 应用实例

【例 3.2】 选择 1 种农药（吡虫啉，IMI）、1 种离子液体（1-己基-3-甲基咪唑氯，[hmim]Cl）和 2 种抗生素（氯霉素，CHL 和多黏菌素 B，POL）为混合物组分，应用 UD-Ray 方法对这四个组分构成的四元混合物体系（IMI-[hmim]Cl-CHL-POL）设计 5 条混合物射线（R1、R2、R3、R4、R5），每条射线设置 12 个不同浓度水平的实体混合物点，以有效合理地表征混合物体系中各种混合比和浓度水平的混合物多样性。以 Q67 为受试生物，6 小时单个化学物或混合物对 Q67 的发光抑制为毒性终点，发光抑制率为毒性效应进行毒性检测（Fan et al.，2017）。那么，如何应用 UD-Ray 方法计算该四元混合物体系中 5 条射线上的各 12 个浓度梯度？

【解】（1）该四元混合物体系中各组分的剂量–效应模型

4 个混合物组分（IMI、[hmim]Cl、CHL 和 POL）的分子结构如图 3.4 所示。

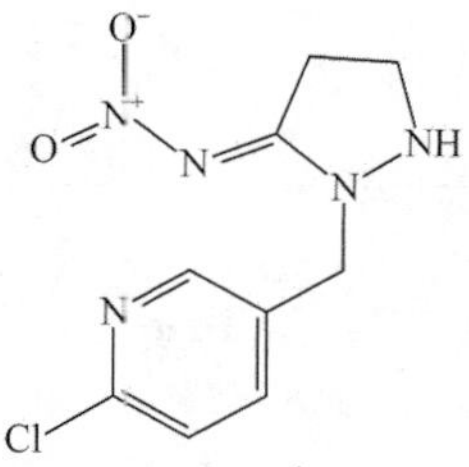

吡虫啉 (IMI)

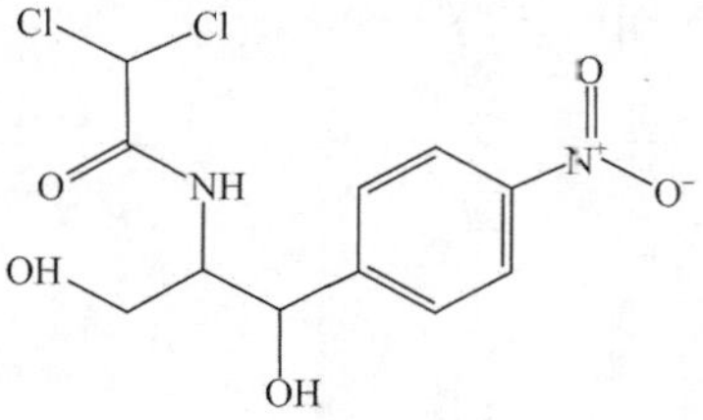

氯霉素 (CHL)

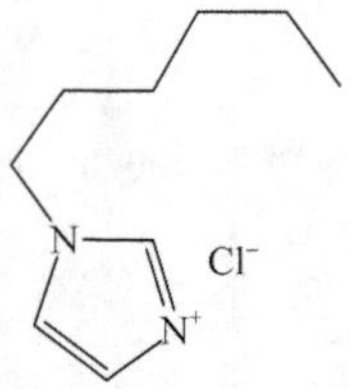

1-己基-3-甲基咪唑氯
([hmim]Cl)

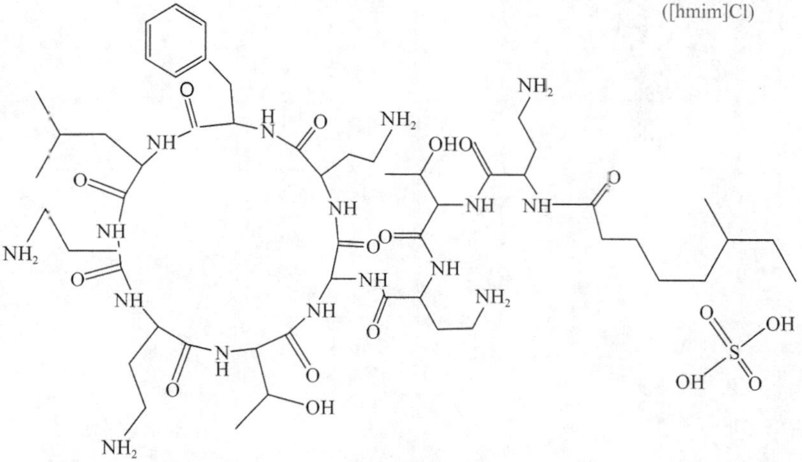

多黏菌素 B (POL)

图 3.4　4 个混合物组分的分子结构图

4 个组分的浓度–百分抑制效应拟合曲线、实验点与 95%置信区间一并描绘在图 3.5 中。这 4 个组分的拟合剂量–效应模型见表 3.11。

(2) 计算该体系中各射线的基本浓度组分

因为是四元混合物体系，组分数 $m = 4$，选择 5 条射线 5 个浓度水平的均匀表 $U_5(5^4)$ 的全部 4 列来设计各混合物射线的 BCC。设计 BCC 时需要规划各组分的 5 个浓度水平，因而需要应用毒性检测方法（MTA）测试各个组分在不同浓度下的效应数据，进行曲线拟合得到拟合 CRC（参见表 3.11），从拟合 CRC 的反函数计算获得所需的 5 个效应浓度。本例中，分别选择各个组分的 EC_{10}、EC_{20}、EC_{30}、EC_{40} 和 EC_{50} 等 5 个效应浓度为各组分因素的 5 个水平，具体数据列入因素–水平表（FLT）（表 3.12）。

通过各组分 CRC 模型回归系数α和β值（表 3.11），以 Weibull 的反函数可计算出各个组分的效应浓度。以计算 IMI 的第 1 个效应浓度 EC_{10} 为例，已知 IMI 模型的 $\alpha = 5.44$ 及$\beta = 1.69$，将 $f(x) = 0.1$ 和α和β代入 Weibull 函数的反函数式（2.3b），得

$$EC_{10} = \text{power}\left(\left[\ln(-\ln[1-f(x)]) - \hat{\alpha}\right]/\hat{\beta}\right) = \text{power}\left[(\ln[-\ln(1-0.1)] - 5.44)/1.69\right] = 2.815\text{E}-5$$

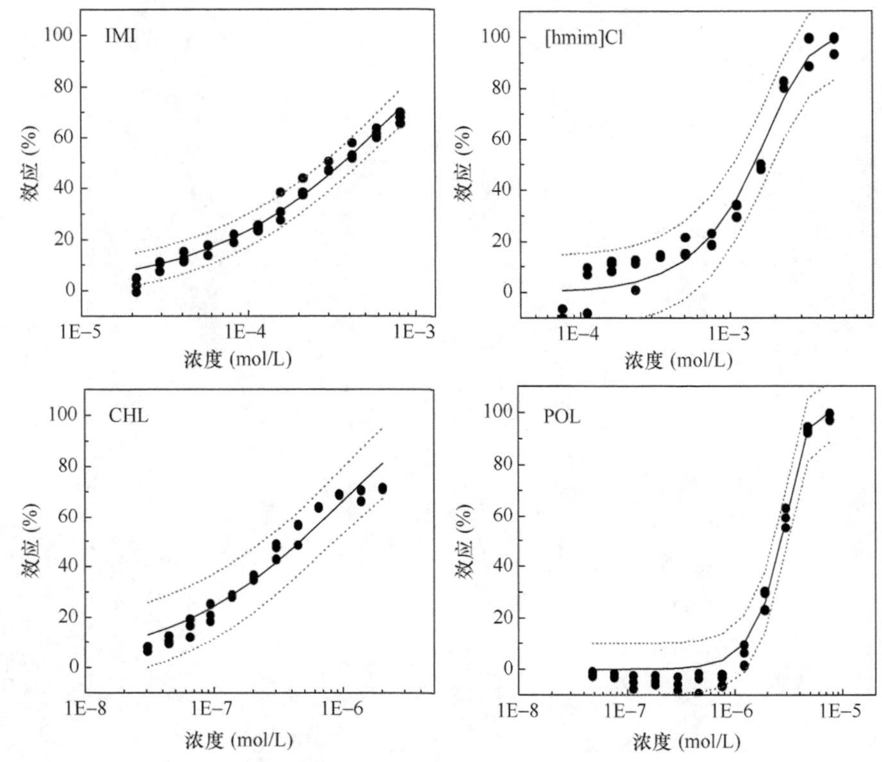

图 3.5　4 个混合物组分的浓度–效应关系图

●：实验效应点；—：拟合曲线；…：95%观测置信区间即 OCI

表 3.11　4 个混合物组分基本性质和 CRC 模型

组分	CAS RN	储备液浓度（mol/L）	CRC 模型	α	β	R^2	RMSE
IMI	138261-41-3	1.631E–03	Weibull	5.44	1.69	0.9868	0.0249
[hmim]Cl	171058-17-6	1.004E–02	Weibull	9.71	3.55	0.9749	0.0574
CHL	56-75-7	4.054E–06	Weibull	8.31	1.37	0.9562	0.0492
POL	1405-20-5	1.521E–05	Weibull	33.39	6.06	0.9960	0.0388

表 3.12a　4 因素-5 水平表

水平	F1	F2	F3	F4
1	EC_{10}	EC_{10}	EC_{10}	EC_{10}
2	EC_{20}	EC_{20}	EC_{20}	EC_{20}
3	EC_{30}	EC_{30}	EC_{30}	EC_{30}
4	EC_{40}	EC_{40}	EC_{40}	EC_{40}
5	EC_{50}	EC_{50}	EC_{50}	EC_{50}

表 3.12b　4 组分-5 浓度 FLT 表

水平	IMI	[hmim]Cl	CHL	POL
1	2.815E–5	4.274E–4	1.958E–8	1.314E–6
2	7.826E–5	6.955E–4	6.910E–8	1.748E–6
3	1.483E–4	9.427E–4	1.520E–7	2.089E–6
4	2.419E–4	1.190E–3	2.780E–7	2.395E–6
5	3.666E–4	1.451E–3	4.643E–7	2.689E–6

同理，修改 $f(x)=0.2,0.3,0.4,0.5$，代入式（2.3b）可得效应浓度 EC_{20}，EC_{30}，EC_{40}，EC_{50} 值。

对于另 3 个混合物组分[hmim]Cl、CHL 和 POL 的 5 个效应浓度，分别应用相应组分的 CRC 模型的位置参数α与形状参数β，以及 $f(x)=0.2,0.3,0.4,0.5$ 代入相应组分的反函数中计算。

IMI、[hmim]Cl、CHL 和 POL 在 5 个效应下的效应浓度计算结果一并列入 FLT 表中（表 3.12b）。

将各组分浓度的 FLT 表数值（表 3.12b）代入均匀表（表 3.13a）中对应的各水平序号，即可得各射线的 BCC，结果见表 3.13b。

表 3.13a　$U_5(5^4)$表

Ray	1	2	3	4
1	1	2	3	4
2	2	4	1	3
3	3	1	4	2
4	4	3	2	1
5	5	5	5	5

表 3.13b　按 $U_5(5^4)$表设计 5 射线 BCC 表

Ray（j）	IMI	[hmim]Cl	CHL	POL
1	2.815E–5	6.955E–4	1.520E–7	2.395E–6
2	7.826E–5	1.190E–3	1.958E–8	2.089E–6
3	1.483E–4	4.274E–4	2.780E–7	1.748E–6
4	2.419E–4	9.427E–4	6.910E–8	1.314E–6
5	3.666E–4	1.451E–3	4.643E–7	2.689E–6

（3）计算 5 条射线中各组分的浓度分数

根据式（3.12），可通过表 3.13b 中 BCC 数据计算 5 条射线（j）中各组分（i）的浓度分数 $p_{i,j}$（$i=1$，2，3，4；$j=1$，2，3，4，5）。对于第 1 条射线（$j=1$）中第 1 个组分（$i=1$）的浓度分数 $p_{1,1}$ 的计算如下所述。已知 4 个组分在这条射线中的浓度 $E_{i,1}$ 分别为（参见表 3.13b 第 1 行）：

$\mathrm{EC}_{1,1}=2.815\mathrm{E}-5$；$\mathrm{EC}_{2,1}=6.955\mathrm{E}-4$；$\mathrm{EC}_{3,1}=1.520\mathrm{E}-7$；$\mathrm{EC}_{4,1}=2.395\mathrm{E}-6$

那么，该射线总浓度 $C_{\mathrm{mix},1}$ 为

$$C_{\mathrm{mix},1}=\sum_{i=1}^{4}\mathrm{EC}_{i,1}=(0.2815+6.955+0.001520+0.02395)\mathrm{E}-4=7.26197\mathrm{E}-4$$

则该射线中第 1 个组分 IMI 的浓度分数 $p_{1,1}$ 为

$$p_{1,1}=\frac{\mathrm{EC}_{1,1}}{C_{\mathrm{mix},1}}=\frac{2.815\mathrm{E}-5}{7.26197\mathrm{E}-4}=0.03876$$

同理，可计算第 2、3、4 和 5 条射线中各组分的浓度分数，结果一并列入表 3.14 中。

表 3.14　5 条射线中 4 个组分的浓度分数 $p_{i,j}$

Ray（j）	IMI	[hmim]Cl	CHL	POL
1	3.876E–02	9.577E–01	2.093E–04	3.298E–03
2	6.160E–02	9.367E–01	1.541E–05	1.644E–03
3	2.567E–01	7.398E–01	4.812E–04	3.026E–03
4	2.040E–01	7.949E–01	5.826E–05	1.108E–03
5	2.013E–01	7.969E–01	2.550E–04	1.477E–03

（4）利用 CA 模型计算 5 条射线的高低效应浓度

设混合物高效应为 $E_{\max} = 90\%$，低效应为 $E_{\min} = 10\%$，则对应各组分在高效应与低效应下的浓度可从 CRC 拟合模型反函数求出，其中 10%效应下的浓度见表 3.12b 中第 1 行的数据，90%对应的效应浓度从各组分 CRC 模型的反函数计算得出，结果为 1.882E–3（IMI）、3.160E–3（[hmim]Cl）、3.492E–6（CHL）、4.244E–6（POL），则根据浓度加和原理式（3.14）可计算各射线高低两效应下混合物的浓度，对于第 1 条射线（$j = 1$），有

$$C_{\max,j} = \left(\sum_{i=1}^{m}\frac{p_{i,j}}{\mathrm{EC}_{i,\max}}\right)^{-1} = \left(\frac{3.876\mathrm{E}-2}{1.882\mathrm{E}-3}+\frac{9.577\mathrm{E}-1}{3.160\mathrm{E}-3}+\frac{2.093\mathrm{E}-4}{3.492\mathrm{E}-6}+\frac{3.298\mathrm{E}-3}{4.244\mathrm{E}-6}\right)^{-1} = 8.588\mathrm{E}-4$$

$$C_{\min,j} = \left(\sum_{i=1}^{m}\frac{p_{i,j}}{\mathrm{EC}_{i,\min}}\right)^{-1} = \left(\frac{3.876\mathrm{E}-2}{2.815\mathrm{E}-5}+\frac{9.577\mathrm{E}-1}{4.274\mathrm{E}-4}+\frac{2.093\mathrm{E}-4}{1.958\mathrm{E}-8}+\frac{3.298\mathrm{E}-3}{1.314\mathrm{E}-6}\right)^{-1} = 5.946\mathrm{E}-5$$

同理，可计算第 2、3、4 和 5 条射线的最大效应浓度与最小效应浓度。

（5）计算各射线稀释因子及相应浓度梯度

若在最大效应浓度与最小效应浓度之间设置 $n = 12$ 个点，那么该射线（j）的稀释因子可按式（3.15）计算，有

$$F_j = \left(\frac{C_{\min,j}}{C_{\max,j}}\right)^{1/(n-1)} = \left(\frac{5.946\mathrm{E}-5}{8.588\mathrm{E}-4}\right)^{1/(12-1)} = 0.7845$$

有了稀释因子后，可按最大效应浓度计算配制储备液浓度，并根据式（3.18）计算 12 个浓度梯度，对于第 1 条射线（$j = 1$），有

$$C_{i,1} = C_{\max,1} \cdot F_1^{(i-1)} = 8.588 \times 10^{-4} \times 0.7845^{(i-1)} \quad (i = 1, 2, \cdots, 12)$$

那么，该射线的 12 个浓度梯度从大到小的结果如下：

$C_{1,1} = 8.588\mathrm{E}-4$；$C_{2,1} = 6.737\mathrm{E}-4$；$C_{3,1} = 5.285\mathrm{E}-4$；$C_{4,1} = 4.146\mathrm{E}-4$；$C_{5,1} = 3.253\mathrm{E}-4$；$C_{6,1} = 2.552\mathrm{E}-4$；$C_{7,1} = 2.002\mathrm{E}-4$；$C_{8,1} = 1.571\mathrm{E}-4$；$C_{9,1} = 1.232\mathrm{E}-4$；$C_{10,1} = 9.666\mathrm{E}-5$；$C_{11,1} = 7.583\mathrm{E}-5$；$C_{12,1} = 5.949\mathrm{E}-5$。

同理，可计算其他 4 条混合物射线（j = 2，3，4，5）中 12 个实体混合物点的浓度数据。

然后，应用毒性测试方法比如 MTA，对 5 条射线共 5 × 12 = 60 个实体混合物点进行毒性测定和曲线拟合，获得各条混合物射线的剂量–效应关系，进而分析混合物体系的毒性变化规律。

3.4　固定（浓度）比射线设计

3.4.1　基本原理

固定（浓度）比射线设计，也称固定比射线设计（fixed ratio ray design，FRRD）（Moser et al.，2006；Norgaard and Cedergreen，2010），是一种按混合物体系中各组分混合比的设计方法。它是保持各组分浓度分数不变（即固定比），逐渐改变混合物总浓度水平而设计多个混合物的方法。由于设计出来的所有混合物点的浓度分布均在以各组分浓度坐标张成的多维空间中从原点出发的射线上，因此称为固定比射线法。混合比（过去习惯称浓度比）可以多种，即包括等效应浓度比（EECR）或等毒性浓度比（EPCR）（Villa et al.，2014），也包括非等效应浓度比（或非等毒性浓度比）。因此，目前文献中最常采用的 EECR 设计（Ge et al.，2011；Qin et al.，2011）就是一种特殊的 FRRD。但要注意的是，EECR 虽然称为等效应浓度比射线设计，但设计出来的射线上只有一个混合物点中各组分的浓度产生的效应是相等的，而其他混合物点是不一定相等的，因为各组分的 CRC 不可能均是严格平行的。这个等效应浓度混合物点也不一定是毒性实验中实际设计的混合物点（一般不是），它只是作为 EECR 射线设计的基础，因此，为了区分，我们将该等效应浓度点称为该射线的基本浓度组成（BCC），比如等 EC_{50} 比或 $EC_{A,50}$∶$EC_{B,50}$∶$EC_{C,50}$∶$EC_{D,50}$ 等。如果要说明射线设计确定的混合物，就必须说明 BCC 或者从 BCC 数据得到的各组分浓度分数 $p_{i,j}$。换句话说，只有明确了这个 BCC 或 $p_{i,j}$，该条射线上的所有混合物点就确定了，该射线也就确定了。

不幸的是，目前大多数开展多元混合物毒性评估的研究报告，都只是简单地利用 EECR 设计 1 条混合物射线（等 EC_{50} 比射线），通过这条射线的毒性变化来推测整个混合物体系的毒性变化规律，这显然是不合理的。我们强调，必须设计多条有代表性的 FRRD 射线，才能合理地推测混合物体系的毒性变化本质。

前两节给出的直接均分射线法（EquRay）与均匀设计射线法（UD-Ray）设计的多条射线中的 BCC 或 $p_{i,j}$ 都可作为 FRRD 的基础。逐步稀释法是实现 FRRD 设计各混合物不同浓度梯度，进而获得混合物剂量–效应曲线的毒性实验基础。

设有一四元混合物体系，即 A-B-C-D，其中 1 条 FRRD 射线的基本浓度组成是，BCC =（$EC_{A,30}$，$EC_{B,50}$，$EC_{C,50}$，$EC_{A,30}$），那么可以参照式（3.12）先计算该 FRRD 射线中各组分（A，B，C，D）的浓度分数 p_i（i = A，B，C，D）。例如 A 组分的浓度分数 p_A 为

$$p_A = \frac{EC_{A,30}}{C_{mix}} = \frac{EC_{A,30}}{EC_{A,30} + EC_{B,50} + EC_{C,50} + EC_{D,30}} \tag{3.19}$$

然后，参考前面 EquRay 及 UD-Ray 方法，根据 CA 原理在浓度加和条件下，指定该 FRRD 射线中可能的高效应浓度和低效应浓度，进而计算稀释因子，根据稀释因子计算该射线上各实体混合物点的浓度。

3.4.2 FRRD 设计实例

【例 3.3】 以 3.3.5 节的四元混合物体系为例，选择其中 4 种组分的固定浓度比为：$EC_{IMI,30}$ ∶ $EC_{[hmin]Cl,50}$ ∶ $EC_{CHL,50}$ ∶ $EC_{POL,30}$，即该固定比射线的 BCC =（$EC_{IMI,30}$，$EC_{[hmin]Cl,50}$，$EC_{CHL,50}$，$EC_{POL,30}$），据此计算该 FRRD 中 12 个实体混合物点的浓度大小。

【解】 根据表 3.12 的结果可知，BCC =（1.483E–4，1.451E–3，4.643E–7，2.089E–6），那么，可计算各组分的浓度分数为

$$\begin{aligned} p_{IMI,FRRD} &= \frac{EC_{IMI,30}}{EC_{IMI,30} + EC_{[hmim]Cl,50} + EC_{CHL,50} + EC_{POL,30}} \\ &= \frac{0.1483}{0.1483 + 1.451 + 0.0004643 + 0.002089} \\ &= 0.09258 \end{aligned}$$

同理，可计算其他 3 组分的浓度分数分别为

$$p_{[hmim]Cl,FRRD} = 0.9058\text{；}\quad p_{CHL,FRRD} = 0.0002898\text{；}\quad p_{POL,FRRD} = 0.001304$$

设该 FRRD 射线中混合物高效应为 E_{max} = 90%，低效应为 E_{min} = 10%，则对应各组分在高效应和低效应下的浓度可从各组分 CRC 拟合模型的反函数求出，其中 10%效应下各组分的效应浓度分别为 2.815E–5（IMI）、4.274E–5（[hmim]Cl）、1.958E–8（CHL）、1.314E–6（POL），90%效应下各组分的效应浓度分别为 1.882E–3（IMI）、3.160E–3（[hmim]Cl）、3.492E–6（CHL）、4.244E–6（POL）。那么，根据浓度加和原理式（3.14）可计算 FRRD 射线中高低两效应下混合物的浓度，有

$$\begin{aligned} C_{max,FRRD} &= \left(\sum_{i=1}^{m} \frac{p_{i,FRRD}}{EC_{i,max}}\right)^{-1} = \left(\frac{0.09258}{1.882E-3} + \frac{0.9058}{3.160E-3} + \frac{0.0002898}{3.492E-6} + \frac{0.001304}{4.244E-6}\right)^{-1} \\ &= 1.377E-3 \end{aligned}$$

$$C_{\min,\text{FRRD}} = \left(\sum_{i=1}^{m} \frac{p_{i,\text{FRRD}}}{\text{EC}_{i,\min}} \right)^{-1} = \left(\frac{9.258\text{E}-2}{2.815\text{E}-5} + \frac{9.058\text{E}-1}{4.274\text{E}-4} + \frac{2.898\text{E}-4}{1.958\text{E}-8} + \frac{1.304\text{E}-3}{1.314\text{E}-6} \right)^{-1}$$

$$= 4.717\text{E}-5$$

若在最大效应浓度与最小效应浓度之间设置 $n = 12$ 个混合物点，那么该FRRD射线的稀释因子可按式（3.15）计算，有

$$F_{\text{FRRD}} = \left(\frac{C_{\min,\text{FRRD}}}{C_{\max,\text{FRRD}}} \right)^{1/(n-1)} = \left(\frac{4.717\text{E}-5}{1.377\text{E}-3} \right)^{1/(12-1)} = 0.7359$$

有了稀释因子后，可按最大效应浓度计算配制储备液浓度，并根据式（3.18）计算 12 个混合物点的浓度梯度：

$$C_i = C_{\max,\text{FRRD}} \cdot F_{\text{FRRD}}{}^{(i-1)} = 1.377 \times 10^{-3} \times 0.7359^{i-1} \quad (i = 1, 2, \cdots, 12)$$

计算得到的这 12 个 FRRD 混合物点的浓度从大到小排列如下：

1.377E–3、1.013E–3、7.457E–4、5.488E–4、4.038E–4、2.972E–4、2.187E–4、1.609E–4、1.184E–4、8.716E–5、6.414E–5、2.720E–5。

第 4 章　加和参考模型

4.1　引　　言

单个混合物组分在混合物中的毒性行为可能与其单独存在时的行为存在差异，致使混合物毒性可能是加和的（additive）、协同的（synergistic）或拮抗的（antagonistic）。也就是说，混合物的毒性可能与某种加和假定得到的毒性是一致的（加和），大于加和假定的（协同）或小于加和假定的（拮抗）。显然，拮抗或协同是相对于加和来说的，加和是一种参考标准，对于相同的混合物，用不同的加和参考标准去评估可能有不同的结论。就像一栋四层楼的房子，其高度以地面为参考时就是四层楼高，但如果以海平面为参考时，就与地面为参考的高度不一样了，如果以喜马拉雅山最高峰地面为参考，则为负值。要注意的是，不管该房子的高度是什么，房子还是那房子。混合物毒性是拮抗或是协同，同样与选择的加和参考密切相关，不同的加和参考，可能有不同的结论，但混合物还是原来的混合物。因此，要评价一个混合物的毒性是加和的，或是拮抗的，或是协同的，必须指定加和参考标准是什么，否则相互之间是无法比较评价的。

毒理学中，常常将协同（synergism）、加和（addition）与拮抗（antagonism）统称为毒理学相互作用（toxicological interaction）或毒性相互作用（toxicity interaction）。有时也只将协同与拮抗称为毒理学相互作用，而把加和称为无相互作用（no interaction）。要注意的是，文献中曾出现过“无加和（no addition）”的概念，它是指“独立（independance）”，意为混合物毒性只与其中某个组分有关，而与其他共存的组分无关。“独立”与加和模型中的独立作用是完全不同的两个概念，千万注意。要评价混合物是否具有毒性相互作用，先必须指定加和参考。混合物毒性评估中常常使用的加和参考模型主要有 3 个，即浓度加和（也称剂量加和）、独立作用（也称响应或效应加和）和效应相加等。浓度加和模型是目前美国环境保护署（USEPA）推荐使用的模型。本章将对这三个模型及其如何应用混合物组分的 CRC 数据评估混合物的毒性相互作用进行系统介绍。

4.2　浓度加和模型

4.2.1　概述

浓度加和（concentration addition，CA）也称剂量加和（dose addition）或 Loewe 加和（Loewe addition）。CA 模型适用于评估浓度线性和浓度对数线性 CRC 特征污染物的混合物效应，以及某些非线性非单调 CRC 特征污染物的混合物效应，因此已被美国环境保护署（USEPA）及欧盟等作为混合物联合毒性效应评估的标准参考模型。CA 模型也是目前混合物毒性评估中应用最广泛的加和参考标准（Bosgra et al.，2009；Christen et al.，2012；刘树深等，2013；Liu et al.，2015b）。然而，CA 模型现在仍只是一个工作模型，缺乏坚实的理论支持，也不直接与毒性机理相关，认为 CA 适用于相似作用模式混合物组分构成的混合物毒性评估的观点值得商榷。

CA 模型的数学表达式如下：

$$\sum_{i=1}^{m}\frac{c_i}{\mathrm{EC}_{x,i}}=1 \tag{4.1}$$

式中，m 是混合物中组分数；c_i 表示混合物效应为 x 时该混合物中第 i 个组分的浓度；$\mathrm{EC}_{x,i}$ 为第 i 个组分的等效应浓度，即第 i 个组分单独存在时引起与混合物效应相等效应 x 时该组分的浓度。

从式（4.1）可知，要获得第 i 个组分在混合物效应为 x 时混合物中的浓度 c_i（$i=1，2，\cdots，m$），就必须已知该混合物其效应为 x 时的混合物浓度 $C_{x,\mathrm{mix}}$，然后根据第 i 个组分的浓度分数 p_i 来计算第 i 个组分的浓度 c_i，有

$$c_i = p_i \cdot C_{x,\mathrm{mix}} \tag{4.2}$$

第 i 个组分单独存在时的效应浓度 $\mathrm{EC}_{x,i}$（$i = 1, 2, \cdots, m$）则从该组分单独存在时的拟合 CRC 模型求得（参见第 2 章）。注意，这里的 c_i 不是 $\mathrm{EC}_{x,i}$，也不可能等于 $\mathrm{EC}_{x,i}$，除非混合物中其他组分完全没有效应且该混合物在效应 x 处不存在毒理学相互作用。

如果实验混合物效应与在相同浓度下满足 CA 模型时的预测效应（或期望效应）之间没有显著性差异，就认为该混合物效应是浓度加和的或是加和的，即没有毒性相互作用。如果实验效应与预测效应之间有显著性差异，就认为该混合物具有毒性相互作用（协同或拮抗），其效应不是浓度加和的。

应该指出，对于一个多元混合物体系，因为含有大量的各种不同混合比的混合物射线而每条射线又有大量的不同浓度水平的混合物点或实体混合物，所

以，毒性相互作用是加和还是协同或拮抗对于不同射线上的不同混合物点可能不是一致的，即有些混合物具有加和作用，而另一些则可能具有协同或拮抗作用。换句话说，混合物毒性相互作用具有混合比和浓度水平依赖（Moser et al., 2006）。混合比依赖是指混合物体系中不同混合比射线可能具有不同的毒性相互作用，浓度水平依赖是指同一条射线上不同浓度点混合物可能具有不同的毒性相互作用。因此，在说明毒性相互作用时应该说明混合比与混合物浓度水平。笼统说，某混合物毒性（比如铜锌混合物）大于或小于某组分毒性是完全错误的，因为铜锌混合物是一个混合物体系，其中有大量混合物射线及不同浓度水平的混合物，只有某混合物射线才有确定的 EC_{50}，才可以和某组分的 EC_{50} 进行比较。

4.2.2 CA 预测 CRC 的构建

混合物毒性或混合物毒性相互作用不仅取决于混合比也取决于混合物浓度水平，要评估混合物毒性是否符合 CA 模型以分析混合物是否具有毒性相互作用，不仅要对不同混合比的混合物射线进行评估，也要对射线上不同浓度水平（整个混合物 CRC 曲线）进行评估，这就需要构建在不同浓度水平或效应水平下满足 CA 模型时的效应或浓度。下面分两种情况即基于指定效应预测浓度与基于实验浓度预测效应进行讨论分析。

1. 直接法求指定效应下 CA 模型预测的混合物总浓度

由于在确定的混合物射线上各组分的浓度分数 p_i 是不变的，即无论混合物浓度水平多大第 i 个组分的 p_i 是固定不变的：

$$p_i = \frac{c_i}{c_{\text{mix}}} = \frac{c_i}{\sum_{i=1}^{m} c_i} \tag{4.3}$$

式中，c_i 是混合物射线上某混合物点（某个浓度水平）中第 i 个组分的浓度，c_{mix} 即是该混合物点的总浓度。要注意的是，虽然 p_i 不变即比值不变，但 c_i 和 c_{mix} 都是随浓度水平的变化而变化的，即不同效应下有不同的 c_i 和 c_{mix}。然而，在 CA 模型中，第 i 个组分的浓度 c_i 是指定效应 x 时对应混合物中该组分的浓度，此时该混合物的总浓度是 $C_{x,\text{mix}}$，即指定效应 x 时 CA 模型中的 c_{mix}，此时将式（4.2）代入式（4.1），有

$$\sum_{i=1}^{m} \frac{c_i}{\text{EC}_{x,i}} = \sum_{i=1}^{m} \frac{p_i \cdot C_{x,\text{mix}}}{\text{EC}_{x,i}} = 1 \tag{4.4}$$

式（4.4）的意义为：当指定混合物效应为 x 时，符合 CA 模型时混合物的浓

度就应该是 $C_{x,\mathrm{mix}}$，而不管实验混合物浓度等于多少。或者说，在指定效应 x 时，由 CA 模型通过单个组分的 CRC 信息（$\mathrm{EC}_{x,i}$）预测的混合物浓度应该是 $C_{x,\mathrm{mix}}$。整理式（4.4）得 CA 预测模型如下：

$$\hat{C}_{x,\mathrm{mix}} = \left(\sum_{i=1}^{m} \frac{p_i}{\mathrm{EC}_{x,i}} \right)^{-1} \tag{4.5}$$

式（4.5）中的 x 可以是 CRC 上的任意效应。因此，只要混合物中各个组分单独存在时在该效应 x 有效应浓度 $\mathrm{EC}_{x,i}$（i=1，2，…，m）存在，那么混合物 CRC 上任意效应下的 CA 预测浓度可求，这样就可以构成完整的由 CA 预测的混合物射线 CRC。

2. 迭代法求解指定浓度下 CA 模型预测的效应

由 CA 模型导出的式（4.4）可知，在效应为 x 时，，虽然混合物中各组分浓度 c_i（i =1，2，…，m）是不同的，但混合物总浓度 $C_{x,\mathrm{mix}}$ 是不变的，即 $C_{x,\mathrm{mix}}$ 可从加和号提出，有

$$\sum_{i=1}^{m} \frac{c_i}{\mathrm{EC}_{x,i}} = \sum_{i=1}^{m} \frac{p_i \cdot C_{x,\mathrm{mix}}}{\mathrm{EC}_{x,i}} = C_{x,\mathrm{mix}} \cdot \sum_{i=1}^{m} \frac{p_i}{\mathrm{EC}_{x,i}} = 1 \tag{4.6}$$

在式（4.6）中，$C_{x,\mathrm{mix}}$ 是已知的或实验测定的射线上某个混合物点的实际浓度，假定其效应为 x，这个效应 x 是未知的（是满足 CA 模型时的效应），而各组分的效应浓度 $\mathrm{EC}_{x,i}$ 必须先求出这个效应 x 才能从相应组分的 CRC 拟合模型求出，即 x 隐含在 $\mathrm{EC}_{x,i}$ 中，因此，式（4.6）不能直接求解，只能采用迭代方法。对于单调的剂量–效应曲线，可采用迭代方法（比如最简单的二分迭代法）求出 x，整理重排式（4.6）可得迭代式如下：

$$y(\hat{x}) = C_{x,\mathrm{mix}} \cdot \sum_{i=1}^{m} \frac{p_i}{f_{x,i}^{-1}(\hat{x})} - 1 \tag{4.7}$$

式中，$y(\hat{x})$ 是迭代函数，f^{-1} 是第 i 个组分 CRC 函数的反函数，$f_{x,i}^{-1}(\hat{x})$ 则是由第 i 个组分 CRC 函数的反函数求得的效应浓度 $\mathrm{EC}_{x,i}$，选择合适的效应初值范围，通过二分法可求出迭代函数 $y(\hat{x})$ 近似为 0 时效应的最终解，即混合物效应浓度 $C_{x,\mathrm{mix}}$ 下的效应 $\hat{x}$。

二分法迭代的效应初值范围可选择效应取值的最大范围，例如选择 x_0 = 1E−08 与 x_1 = 0.9999 进行二分法迭代求解［式（4.7）］。

二分迭代法的算法原理可用图 4.1 解释，如下所述。

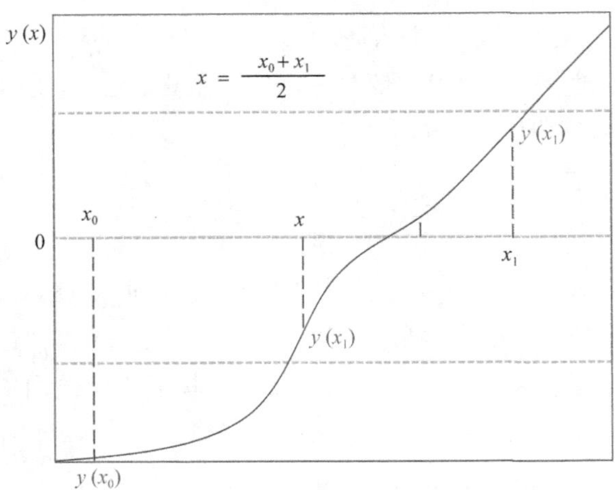

图 4.1　二分法求 $y(x)$的根示意图

步骤 1：设迭代函数为 $y(x)$，自变量为 x，给定迭代终止误差即计算 x 值的最大允许误差ε，每给定一个 x 值即可求得一个 $y(x)$；如果 $y(x)\leqslant \varepsilon$，则迭代结束；否则，进入下一步。

步骤 2：给定初值 x_0 和 x_1，代入迭代函数计算迭代函数值 $y(x_0)$和 $y(x_1)$；如果 $y(x_0)\leqslant\varepsilon$或 $y(x_1)\leqslant\varepsilon$或 $y(x_0)$和 $y(x_1)$之差的绝对值$\leqslant\varepsilon$，则迭代结束；否则，进入下一步。

步骤 3：如果 $y(x_0)< 0$ 和 $y(x_1)> 0$ 或 $y(x_0)> 0$ 和 $y(x_1)< 0$，即 $y(x_0)$和 $y(x_1)$异号，则令

$$x = \frac{x_0 + x_1}{2} \tag{4.8}$$

此即二分，并求二分后的迭代函数值 $y(x)$。

如果 $y(x_0)$和 $y(x)$同号，令 $x_0 = x$；如果 $y(x)$和 $y(x_1)$同号，令 $x_1 = x$。返回步骤 2 继续迭代。

4.2.3　CA 预测 CRC 实例

【例 4.1】 下面以四组分 IMI、[hmim]Cl、CHL 和 POL 构成的四元混合物体系为例。由于这个四元混合物体系中包括多条混合物射线，本例选择其中一条 EECR 射线，以该射线各组分在 12 小时暴露时对 Q67 的 EC_{50} 比为基本浓度组成（BCC），通过单个组分的浓度–效应测试及 CRC 模拟计算表明，BCC =（$EC_{50,IMI}$，$EC_{50,[hmim]Cl}$，$EC_{50,CHL}$，$EC_{50,POL}$）=（4.534E–4，1.823E–4，3.504E–7，3.448E–6），计算该射线中各组分浓度分数分别为：p_{IMI} = 0.1988、$p_{[hmim]Cl}$ = 0.7995、p_{CHL} = 1.540E–4、p_{POL} = 1.512E–3。应用毒性测试方法对该射线设计 12 个不同浓度水平

的混合物点进行发光抑制毒性测试并进行曲线拟合（符合 Weibull 函数，其中α= 7.660；β = 2.540），同时计算 95%观测置信区间，各实验浓度下的计算结果见表 4.1。表中第 2 列为实验的 12 个混合物浓度数据，是按几何分布的；第 3、4 和 5 列为 12 个实验浓度下三次重复测定的混合物效应值；第 6 列是根据 12 个实验浓度进行毒性测试获得毒性效应后进行 CRC 拟合得到的拟合效应（计算方法参见第 2 章）；第 7 和 8 列数据为 12 个实验浓度下的效应置信区间上下限数据（计算方法参见第 2 章）；第 9 列为 CA 预测的在 12 个实验浓度下的效应值，即按式（4.7）进行迭代预测的效应值；第 10 列为在指定效应（第 11 列）下满足 CA 模型时的浓度，即按式（4.5）进行直接计算的预测浓度；第 11 列为指定效应值。

表 4.1　等 EC_{50} 比四元混合物射线的实验 CRC 与 CA 预测 CRC 结果

编号	实验浓度（mol/L）	实验效应 1	实验效应 2	实验效应 3	拟合效应	OCI 上限	OCI 上限	CA^a 预测	CA^b 预测浓度（mol/L）	指定效应
1	5.755E–5	0.0609	0.0205	0.0379	0.0436	0.0786	0.0086	*0.1023*	2.012E–5	0.0500
2	7.821E–5	0.0528	0.0897	0.0607	0.0607	0.0961	0.0253	0.1268	5.571E–5	0.1000
3	1.048E–4	0.0815	0.1037	0.0752	0.0828	0.1186	0.0470	0.1562	9.903E–5	0.1500
4	1.476E–4	0.1027	0.1440	0.1211	0.1185	0.1548	0.0822	0.2002	1.474E–4	0.2000
5	1.918E–4	0.1335	0.1768	0.1377	0.1550	0.1916	0.1184	0.2428	1.995E–4	0.2500
6	2.509E–4	0.2224	0.1795	0.2403	0.2026	0.2393	0.1659	0.2966	2.547E–4	0.3000
7	3.394E–4	0.2941	0.2848	0.2932	0.2710	0.3076	0.2344	0.3723	3.126E–4	0.3500
8	4.575E–4	0.3593	0.3215	0.3511	0.3555	0.3919	0.3191	0.4659	3.733E–4	0.4000
9	6.051E–4	0.4472	0.4220	0.4568	0.4501	0.4866	0.4136	0.5718	4.367E–4	0.4500
10	8.264E–4	0.5060	0.5538	0.5551	0.5698	0.6071	0.5325	0.7065	*5.032E–4*	*0.5000*
11	1.107E–3	0.6867	0.7063	0.6826	0.6878	0.7264	0.6492	0.8343	5.733E–4	0.5500
12	1.476E–3	0.7998	0.8289	0.8309	0.7979	0.8380	0.7578	0.9347	6.477E–4	0.6000
13									7.276E–4	0.6500
14									8.145E–4	0.7000
15									9.107E–4	0.7500
16									1.020E–3	0.8000

a 基于实验浓度［式（4.5）］；b 基于指定效应［式（4.7）迭代］

那么，在 12 个混合物实验浓度下由 CA 模型通过各组分的剂量–效应模型及混合物浓度组成预测的毒性效应分别为多少？在指定混合物 16 个效应（x = 0.05, 0.10，0.15，…，0.80）下由 CA 预测的效应浓度又各是多少？

【解】（1）迭代法求解指定浓度下 CA 模型预测的效应

以第 1 个实验浓度 5.755E–5 mol/L 为例，应用迭代方法获得 CA 预测的第 1 个效应为 0.1023（表 4.1 中斜体数据），其具体计算过程如下所述。

已知 4 个混合物组分的 CRC 均可用 Weibull 函数有效拟合，各组分 CRC 的回归系数为

对于 IMI： $\alpha = 5.44; \beta = 1.69$

对于[hmim]Cl： $\alpha = 9.71; \beta = 3.55$

对于 CHL： $\alpha = 8.31; \beta = 1.37$

对于 POL： $\alpha = 33.39; \beta = 6.06$

如果给定某迭代初值即某效应$[f(x)]$，就可利用其反函数求该效应下各组分的浓度 $f_{x,i}^{-1}(\hat{x})$ 及迭代函数 $y(\hat{x})$ 结果。效应初值可选 $x_0 = 0.001$ 和 $x_1 = 0.999$（注意 x 不能等于 0 或 1，因为 0 的对数没有有理数解），迭代终值设为$\varepsilon = 5\text{E}-4$（为了计算简单而设，实际上精度可设更高一些，如$\varepsilon = 1\text{E}-8$），则有

$$f_{x_0,\text{IMI}}^{-1} = \text{power}\left(\left[\ln(-\ln(1-x_0)) - 5.44\right]/1.69\right) = \text{power}\left(\left[\ln(-\ln(1-0.001)) - 5.44\right]/1.69\right) = 4.942\text{E}-8$$

$$f_{x_1,\text{IMI}}^{-1} = \text{power}\left(\left[\ln(-\ln(1-x_1)) - 5.44\right]/1.69\right) = \text{power}\left(\left[\ln(-\ln(1-0.999)) - 5.44\right]/1.69\right) = 8.407\text{E}-3$$

同理，代入另 3 个组分的 CRC 拟合函数回归系数，可得

$$f_{x_0,[\text{hmim}]\text{Cl}}^{-1} = \text{power}\left(\left[\ln(-\ln(1-0.001)) - 9.71\right]/3.55\right) = 2.085\text{E}-5$$

$$f_{x_1,[\text{hmim}]\text{Cl}}^{-1} = \text{power}\left(\left[\ln(-\ln(1-0.999)) - 9.71\right]/3.55\right) = 6.445\text{E}-3$$

$$f_{x_0,\text{CHL}}^{-1} = \text{power}\left(\left[\ln(-\ln(1-0.001)) - 8.31\right]/1.37\right) = 7.807\text{E}-12$$

$$f_{x_1,\text{CHL}}^{-1} = \text{power}\left(\left[\ln(-\ln(1-0.999)) - 8.31\right]/1.37\right) = 2.213\text{E}-5$$

$$f_{x_0,\text{POL}}^{-1} = \text{power}\left(\left[\ln(-\ln(1-0.001)) - 33.39\right]/6.06\right) = 2.240\text{E}-7$$

$$f_{x_1,\text{POL}}^{-1} = \text{power}\left(\left[\ln(-\ln(1-0.999)) - 33.39\right]/6.06\right) = 6.442\text{E}-6$$

对于该 EECR 混合物射线，已知第 1 个浓度为 5.755E–5，将各组分浓度分数 p_i 与各组分效应浓度代入二分迭代式，有

$$\begin{aligned} y(x_0) &= C_{x_0,\text{mix}} \cdot \sum_{i=1}^{m} \frac{p_i}{f_{x_0,i}^{-1}(x_0)} - 1 \\ &= 5.755\text{E}-5 \times \left(\frac{0.1988}{4.942\text{E}-8} + \frac{0.7995}{2.085\text{E}-5} + \frac{1.540\text{E}-4}{7.807\text{E}-12} + \frac{1.512\text{E}-3}{2.240\text{E}-7} \right) - 1 \\ &= 1368 \end{aligned}$$

$$y(x_1) = C_{x_1,\mathrm{mix}} \cdot \sum_{i=1}^{m} \frac{p_i}{f_{x_1,i}^{-1}(x_1)} - 1$$
$$= 5.755\mathrm{E}-5 \times \left(\frac{0.1988}{8.407\mathrm{E}-3} + \frac{0.7995}{6.445\mathrm{E}-3} + \frac{1.540\mathrm{E}-4}{2.213\mathrm{E}-5} + \frac{1.512\mathrm{E}-3}{6.442\mathrm{E}-6} \right) - 1$$
$$= -0.9776$$

显然，2 个 $y(x)$或其差值均不满足迭代允许误差的要求，即均不小于$\varepsilon = 5\mathrm{E}{-4}$。因此，进行二分，即令

$$x = \frac{x_0 + x_1}{2} = \frac{0.001 + 0.999}{2} = 0.5$$

计算新的 x=0.5 下各组分的效应浓度，有

$$f_{x,\mathrm{IMI}}^{-1} = \mathrm{power}\left(\left[\ln(-\ln(1-0.5)) - 5.44 \right] / 1.69 \right) = 3.666\mathrm{E}-4$$
$$f_{x,[\mathrm{hmim}]\mathrm{Cl}}^{-1} = \mathrm{power}\left(\left[\ln(-\ln(1-0.5)) - 9.71 \right] / 3.55 \right) = 1.451\mathrm{E}-3$$
$$f_{x,\mathrm{CHL}}^{-1} = \mathrm{power}\left(\left[\ln(-\ln(1-0.5)) - 8.31 \right] / 1.37 \right) = 4.643\mathrm{E}-7$$
$$f_{x,\mathrm{POL}}^{-1} = \mathrm{power}\left(\left[\ln(-\ln(1-0.5)) - 33.39 \right] / 6.06 \right) = 2.689\mathrm{E}-6$$

那么迭代函数值为

$$y(x) = C_{x,\mathrm{mix}} \cdot \sum_{i=1}^{m} \frac{p_i}{f_{x,i}^{-1}(x)} - 1$$
$$= 5.733\mathrm{E}-5 \times \left(\frac{0.1988}{3.666\mathrm{E}-4} + \frac{0.7995}{1.451\mathrm{E}-3} + \frac{1.540\mathrm{E}-4}{4.643\mathrm{E}-7} + \frac{1.512\mathrm{E}-3}{2.689\mathrm{E}-6} \right) - 1$$
$$= -0.8856$$

因为 $y(x)$与 $y(x_1)$同号，令 $x_1 = x = 0.5$，继续二分：

$$x = \frac{x_0 + x_1}{2} = \frac{0.001 + 0.5}{2} = 0.2505$$

结果 $y(x=0.2505)= -0.7124$，小于 0，继续令 $x_1 = x = 0.2505$，继续二分：

$$x = \frac{x_0 + x_1}{2} = \frac{0.001 + 0.2505}{2} = 0.1253$$

结果 $y(x = 0.1253)= -0.5083$，小于 0，令 $x_1 = x = 0.1253$，继续二分：

$$x = \frac{x_0 + x_1}{2} = \frac{0.001 + 0.1253}{2} = 0.06315$$

结果 $y(x = 0.06315)= 1.021$，结果大于 0，令 $x_0 = x = 0.06315$，继续二分：

$$x = \frac{x_0 + x_1}{2} = \frac{0.06315 + 0.1253}{2} = 0.094225$$

结果 $y(x=0.094225)=0.1255$，结果大于 0，令 $x_0=x=0.094225$，继续二分：

$$x=\frac{x_0+x_1}{2}=\frac{0.094225+0.1253}{2}=0.1097625$$

结果 $y(x=0.1097625)=-0.09620$，结果小于 0，令 $x_1=x=0.1097625$，继续二分：

$$x=\frac{x_0+x_1}{2}=\frac{0.094225+0.1097625}{2}=0.10199375$$

结果 $y(x=0.10199375)=0.0041$，结果大于 0，令 $x_0=x=0.10199375$，继续二分：

$$x=\frac{x_0+x_1}{2}=\frac{0.10199375+0.1097625}{2}=0.10587812$$

结果 $y(x=0.10587812)=-0.04835$，结果小于 0，令 $x_1=x=0.10587812$，继续二分：

$$x=\frac{x_0+x_1}{2}=\frac{0.10199375+0.10587812}{2}=0.10393594$$

结果 $y(x=0.10393594)=-0.02274$，结果小于 0，令 $x_1=x=0.10393594$，继续二分：

$$x=\frac{x_0+x_1}{2}=\frac{0.10199375+0.10393594}{2}=0.10296484$$

结果 $y(x=0.10296484)=-0.009477$，结果小于 0，令 $x_1=x=0.10296484$，继续二分：

$$x=\frac{x_0+x_1}{2}=\frac{0.10199375+0.10296484}{2}=0.1024793$$

结果 $y(x=0.1024793)=-0.002729$，结果小于 0，令 $x_1=x=0.1024793$，继续二分：

$$x=\frac{x_0+x_1}{2}=\frac{0.10199375+0.1024793}{2}=0.10223652$$

结果 $y(x=0.10223652)=0.0006757$，结果大于 0，令 $x_0=x=0.10223652$，继续二分：

$$x=\frac{x_0+x_1}{2}=\frac{0.10223652+0.1024793}{2}=0.10235791$$

结果 $y(x=0.10235791)=-0.001029$，结果小于 0，令 $x_1=x=0.10235791$，继续二分：

$$x=\frac{x_0+x_1}{2}=\frac{0.10223652+0.10235791}{2}=0.10229722$$

结果 $y(x = 0.10229722) = -0.0001774$，结果小于$\varepsilon$，迭代终止。

同理，可计算其他 11 个实验浓度下 CA 模型预测效应，结果一并列入表 4.1 中第 9 列即“CA^a预测”列中。

（2）直接法求解指定效应下 CA 模型预测的效应浓度

如果指定 $x = 50\%$，由 CA 模型式（4.5）直接计算的混合物浓度为

$$\hat{C}_{50,\text{mix}} = \left(\sum_{i=1}^{m} \frac{p_i}{\text{EC}_{50,i}}\right)^{-1} = \left(\frac{0.1988}{3.666\text{E}-4} + \frac{0.7995}{1.451\text{E}-3} + \frac{1.540\text{E}-4}{4.643\text{E}-7} + \frac{1.512\text{E}-3}{2.689\text{E}-6}\right)$$
$$= 5.032\text{E}-4$$

同理，可计算其他 15 个指定效应下 CA 模型预测的效应浓度，结果一并列入表 4.1 中第 10 列即“CA^b预测浓度（mol/L）”列中。

如果以表 4.1 中 3 次重复测试效应、CRC 拟合效应、95%效应置信区间的上限效应以及由 CA 模型预测的 12 个实验浓度下的预测效应即第 3、4、5、6、7、8 和 9 列各个效应数据对实验浓度作图，如图 4.2（a）所示。图中红实线是以 12 个实验浓度为基础进行 CA 迭代运算得到的预测效应结果。如果以表 4.1 中第 3、4、5、6、7 和 8 列各个效应值对实验浓度作图，以及将 16 个指定效应（$x = 0.05$，0.10，0.15，…，0.80）（第 11 列）对 CA 预测浓度（第 10 列）作图，如图 4.2（b）所示。

由图 4.2 可知，基于实验浓度预测效应（12 个点）的 CA 预测 CRC 的位置［图 4.2（a）］与基于指定效应预测混合物浓度（16 个点）的 CA 预测 CRC 的位置［图 4.2（b）］是不一样的，前者是覆盖全部实验浓度范围，但 CA 预测效应比实验效应要高，后者则覆盖了指定效应，但包含了比实验浓度更低的浓度范围。

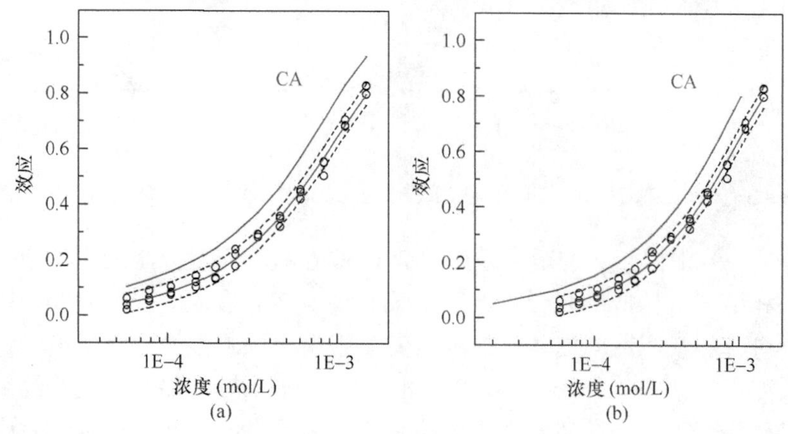

图 4.2　CA 预测 CRC

（a）基于实验浓度；（b）基于指定效应。（○：实验点；—：拟合线；---：观测置信区间；—：CA 预测线）

这个例子说明，CA 加和模型预测的 CRC 与实验拟合的混合物射线 CRC 是不重叠的，即 CA 预测效应在相同浓度下高于实验拟合效应，说明这条 EECR 混合物射线在各个实验浓度下均存在所谓的拮抗效应（参见第 5 章）。

4.2.4 使用 CA 模型需谨慎

CA 模型只是一个工作模型。很多文献认为 CA 模型适用于评估具有相似作用模式化合物构成的混合物体系（Neuwoehner et al.，2009；Barata et al.，2012；Villa et al.，2012）。然而，迄今为止大多数化学污染物对相关靶标的作用位点与作用模式是未知的，作用模式的相似度（相似或相异）问题并没有一个严格、统一的评判标准。事实上，目前关于作用模式或机理的知识更多地适用于化合物具有浓度线性关系的混合物体系。因此，CA 仍只是一个工作模型（Altenburger et al.，2003），没有坚实的理论支持，也不直接与作用机理相互关联。

CA 模型存在预测盲区。由 CA 模型［式（4.1）］可知，要应用 CA 模型预测某个效应（x）下混合物的总浓度，就必须保证该混合物中各个组分单独存在时均有此效应浓度。如果其中某组分没有这一效应浓度，就没法应用 CA 模型，即 CA 模型可能存在某些预测盲区（图 4.3）。

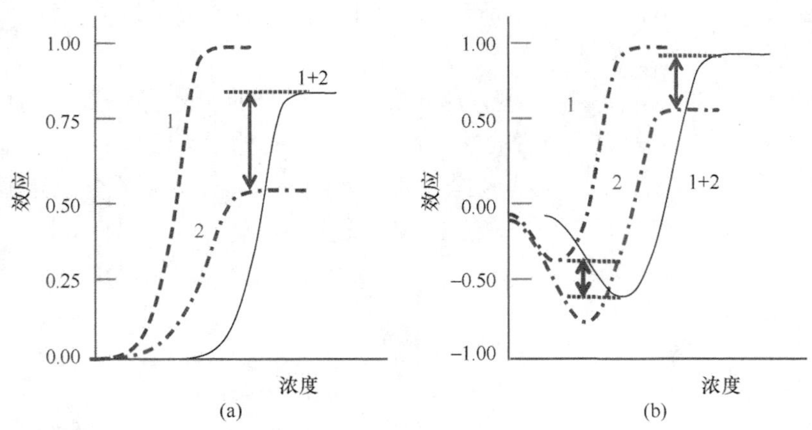

图 4.3　单调 CRC（a）与非单调 CRC（b）混合物体系的 CA 预测盲区示意图

图 4.3（a）中组分 2 的最大效应只有 0.50 左右，而组分 1 最大效应可达 1.0，由组分 1 和组分 2 构成的混合物体系中某射线 1+2 的最大效应约 0.80，因此，在双箭头所对应的效应区间内是不能利用 CA 模型来预测混合物总浓度的，即存在所谓的预测盲区。图 4.3（b）中，2 个混合物组分 1 与 2 以及某混合物射线都是非单调“J”形 CRC，在部分高浓度抑制效应区域与部分低浓度刺激效应区域都存在 CA 预测盲区（参阅红色与蓝色双箭头）。即在效应区间（0.60～0.85）内组

分 2 不满足 CA 模型的要求（图中上方红色双箭头所示），以及在效应区间（−0.6～−0.4）内组分 1 不满足 CA 模型的要求（图中下方蓝色双箭头所示），都是 CA 的预测盲区，不能预测混合物的总浓度（刘树深等，2013）。

此外，混合物体系中有无数条混合物射线，每条射线中又有多个不同浓度水平的混合物，每个混合物的毒性效应都可能是不相同的，即混合物毒性具有混合物比（射线）依赖性和浓度水平依赖性（Moser et al.，2006）。在没有证明某混合物体系具有全局浓度加和特征时，用 CA 模型从单个组分的浓度–效应信息去预测混合物毒性可能是不正确的，因此，CA 模型一般是一个评估模型，即可以 CA 为加和参考标准来评估混合物的毒理学相互作用。只有充分证明混合物体系是处处浓度加和的，CA 模型才能用来预测混合物毒性（Li et al.，2017）。

4.3　独立作用模型

4.3.1　概述

独立作用（independence action，IA）也称效应加和（effect addition，EA）或响应加和（response addition，RA）或 Bliss 加和（Bliss addition）。IA 模型是目前混合物毒性评估中应用最广泛的加和参考标准之一（Faust et al.，2003；Backhaus et al.，2004；Cedergreen et al.，2008）。然而，IA 模型与 CA 模型一样也只是一个工作模型，同样缺乏坚实的理论支持，也不直接与毒性机理相关，认为 IA 模型适用于相异作用模式混合物组分构成的混合物的毒性评估观点同样值得商榷。

IA 模型的数学表达式如下：

$$E(C_{\text{mix}}) = 1 - \prod_{i=1}^{m}[1 - E(c_i)] \tag{4.9}$$

式中，c_i 是混合物中第 i 个组分的浓度；C_{mix} 是混合物的总浓度即该混合物中各个组分浓度之和即 $\sum c_i$；$E(c_i)$是第 i 个组分单独存在时浓度为 c_i 时产生的效应；$E(C_{\text{mix}})$是混合物在浓度为 C_{mix} 时产生的总效应。

IA 来自于相互独立的概念，比如对于二元混合物（binary mixture），IA 模型可写为

$$\begin{aligned}E(C_{\text{binary}}) &= E(c_1) + E(c_2) - E(c_1) \cdot E(c_2) \\ &= E(c_1) \cdot [1 - E(c_2)] + E(c_2) - 1 + 1 \\ &= E(c_1) \cdot [1 - E(c_2)] + E(c_2) - 1 + 1 \\ &= [1 - E(c_2)] \cdot [E(c_1) - 1] + 1 = 1 - \prod_{i=1}^{2}[1 - E(c_i)]\end{aligned}$$

同理，也可对三元混合物（ternary mixture）推导出相应的连乘式，有

$$\begin{aligned} E(C_{\text{ternary}}) &= E(c_1) + E(c_2) + E(c_3) - E(c_1)\cdot E(c_2) - E(c_2)\cdot E(c_3) - E(c_1)\cdot E(c_3) + \\ &\quad E(c_1)\cdot E(c_2)\cdot E(c_3) \\ &= [1 - E(c_2)]\cdot[E(c_1) - 1] + 1 + E(c_3)\cdot[1 - E(c_1)] - E(c_2)\cdot E(c_3)\cdot[1 - E(c_1)] \\ &= [1 - E(c_1)]\cdot[-1 + E(c_2) + E(c_3) - E(c_2)\cdot E(c_3)] + 1 \\ &= -[1 - E(c_1)]\cdot[1 - E(c_2)]\cdot[1 - E(c_2)] + 1 = 1 - \prod_{i=1}^{3}[1 - E(c_i)] \end{aligned}$$

4.3.2　IA 预测 CRC 的构建

与 CA 预测 CRC 构建原理一样，IA 模型预测 CRC 也分为基于指定效应预测混合物浓度及基于实验浓度预测效应的方法，下面分别作如下介绍。

1. 迭代法求解指定效应下 IA 模型预测的混合物总浓度

独立作用即 IA 模型由式（4.9）给出：

$$E(C_{\text{mix}}) = 1 - \prod_{i=1}^{m}[1 - E(c_i)]$$

将各组分浓度等于混合物总浓度与该组分浓度分数的乘积，即式（4.2）代入式（4.9）可得

$$E(C_{\text{mix}}) = x = 1 - \prod_{i=1}^{m}\left[1 - E(c_i)\right] = 1 - \prod_{i=1}^{m}\left[1 - f_i(p_i \cdot EC_{x,\text{mix}})\right] \tag{4.10}$$

式（4.10）即为在独立作用模型下，对混合物任意效应（x）下的混合物效应浓度（$E\hat{C}_{x,\text{mix}}$）进行预测的表达式。其先决条件是已知混合物中各个组分的混合比或浓度分数（p_i）和单个组分的 CRC 模型即各组分 CRC 拟合函数 f_i。由于 $E\hat{C}_{x,\text{mix}}$ 是待估计的 x 效应下的混合物的总效应浓度，隐含于式（4.10）中，需要进行迭代运算才能求出。

将式（4.10）中 x 移到方程右边，整理后得其迭代函数：

$$y(E\hat{C}_{x,\text{mix}}) = x - 1 + \prod_{i=1}^{m}\left[1 - f_i(p_i \cdot EC_{x,\text{mix}})\right] \tag{4.11}$$

给定 $E\hat{C}_{x,\text{mix}}$ 的初值进行二分迭代，当 $y(E\hat{C}_{x,\text{mix}}) = 0$ 时，对应的 $E\hat{C}_{x,\text{mix}}$ 即为总效应 x 下的混合物效应浓度。二分法原理参阅 4.2 节。

2. 直接法求 IA 模型预测实验浓度下的效应

IA 模型由式（4.9）给出。在混合物射线中，各个不同浓度水平下所有混合物点中第 i 个组分的浓度分数 p_i 是相同的，如果已知该射线上某混合物的总浓度 C_{mix}，那么可根据式（4.2）计算各个组分的浓度 c_i

$$c_i = p_i \cdot C_{x,\text{mix}} = p_i \cdot C_{\text{mix}}$$

有了 c_i，就可根据该组分 i 的拟合 CRC 模型 $f_i\,(c_i)$求得该组分 i 的效应 $E(c_i)$；进而由式（4.9）计算该混合物总效应 $E(C_{\text{mix}})$或 x，即按式（4.10）计算混合物效应。

4.3.3　IA 预测 CRC 实例

【例 4.2】 仍以 CA 模型预测四元混合物体系即以 IMI-[hmim]Cl-CHL-POL 为例。射线也选择其中等 EC_{50} 比射线即 EECR 射线，已知该射线的基本浓度组成 BCC = ($EC_{50,\text{IMI}}$, $EC_{50,\text{[hmim]Cl}}$, $EC_{50,\text{CHL}}$, $EC_{50,\text{POL}}$)=(4.534E–4, 1.823E–4, 3.504E–7, 3.448E–6)，该射线中各组分的浓度分数分别为：p_{IMI} = 0.1988、$p_{\text{[hmim]Cl}}$ = 0.7995、p_{CHL} = 1.540E–4、p_{POL} = 1.512E–3。应用毒性测试方法对该射线上 12 个不同浓度水平的混合物点进行发光抑制毒性测试并进行曲线拟合，表明该射线的 CRC 可用 Weibull 函数有效描述，其回归系数α = 7.660 和β = 2.540。根据式（4.11）进行二分迭代法求得的各个指定效应下 IA 预测的混合物浓度结果及根据式（4.10）进行直接法计算各实验浓度下的 IA 预测效应值连同实验数据、拟合效应及置信区间结果一并列入表 4.2 中。

表 4.2　等 EC_{50} 比四元混合物射线的实验 CRC 与 IA 预测 CRC 结果

编号	实验浓度（mol/L）	实验效应 1	实验效应 2	实验效应 3	拟合效应	OCI 上限	OCI 上限	IA[a] 预测	IA[b] 预测浓度（mol/L）	指定效应
1	5.755E–5	0.0609	0.0205	0.0379	0.0436	0.0786	0.0086	0.1163	1.547E–5	0.0500
2	*7.821E–5*	0.0528	0.0897	0.0607	0.0607	0.0961	0.0253	*0.1416*	4.549E–5	0.1000
3	1.048E–4	0.0815	0.1037	0.0752	0.0828	0.1186	0.0470	0.1708	8.555E–5	0.1500
4	1.476E–4	0.1027	0.1440	0.1211	0.1185	0.1548	0.0822	0.2128	1.340E–4	0.2000
5	1.918E–4	0.1335	0.1768	0.1377	0.1550	0.1916	0.1184	0.2517	1.898E–4	0.2500
6	2.509E–4	0.2224	0.1795	0.2403	0.2026	0.2393	0.1659	0.2989	2.524E–4	0.3000
7	3.394E–4	0.2941	0.2848	0.2932	0.2710	0.3076	0.2344	0.3626	3.212E–4	0.3500
8	4.575E–4	0.3593	0.3215	0.3511	0.3555	0.3919	0.3191	0.4385	3.959E–4	0.4000
9	6.051E–4	0.4472	0.4220	0.4568	0.4501	0.4866	0.4136	0.5232	4.765E–4	0.4500
10	8.264E–4	0.5060	0.5538	0.5551	0.5698	0.6071	0.5325	0.6335	5.629E–4	0.5000
11	1.107E–3	0.6867	0.7063	0.6826	0.6878	0.7264	0.6492	0.7487	6.556E–4	0.5500
12	1.476E–3	0.7998	0.8289	0.8309	0.7979	0.8380	0.7578	0.8606	7.552E–4	0.6000
13									8.628E–4	0.6500
14									9.803E–4	0.7000
15									1.111E–3	0.7500
16									1.259E–3	0.8000

a 基于实验浓度［式（4.10）］；b 基于指定效应［式（4.11）迭代］

表 4.2 与表 4.1 中前 8 列（第 1～8 列）数据相同，分别是编号、实验浓度、3 次平行实验效应、拟合效应与效应置信区间上下限数据；第 9 列为 IA 在 12 个实验浓度下直接预测的效应值，即按式（4.10）进行直接预测的效应值；第 10 列为在指定效应（第 11 列）下进行 IA 迭代运算时预测的混合物浓度，即按式（4.11）进行迭代计算的预测浓度；第 11 列为指定效应值。

那么，在 12 个混合物实验浓度下由 IA 模型通过各组分的剂量–效应模型及混合物浓度预测的毒性效应分别为多少？在指定混合物 16 个效应（x = 0.05, 0.10, 0.15, …, 0.80）下由 IA 预测的效应浓度又各是多少？

【解】（1）直接法计算实验浓度下 IA 模型预测效应

下面以第 2 个实验浓度 7.821E–5 mol/L 为基础，应用直接法获得 IA 预测的第 2 个效应为 0.1416（表 4.2 中斜体数据），其具体计算过程如下所述。

已知 4 个混合物组分的 CRC 均可用 Weibull 函数有效拟合，各组分 CRC 的回归系数为

对于 IMI：$\alpha = 5.44; \beta = 1.69$

对于[hmim]Cl：$\alpha = 9.71; \beta = 3.55$

对于 CHL：$\alpha = 8.31; \beta = 1.37$

对于 POL：$\alpha = 33.39; \beta = 6.06$

由等 EC_{50} 比射线中各组分的浓度分数 p_i 可计算第 2 个混合物点中各组分的浓度 c_i：

$$c_{\text{IMI}} = p_{\text{IMI}} \cdot C_{\text{mix}} = 0.1988 \times 7.821\text{E}-5 = 1.555\text{E}-5$$

$$c_{\text{[hmim]Cl}} = p_{\text{[hmim]Cl}} \cdot C_{\text{mix}} = 0.7995 \times 7.821\text{E}-5 = 6.253\text{E}-5$$

$$c_{\text{CHL}} = p_{\text{CHL}} \cdot C_{\text{mix}} = 0.000154 \times 7.821\text{E}-5 = 1.204\text{E}-8$$

$$c_{\text{POL}} = p_{\text{POL}} \cdot C_{\text{mix}} = 0.001512 \times 7.821\text{E}-5 = 1.183\text{E}-7$$

应用这些组分各自的拟合 CRC 函数计算单独存在时上述浓度下的效应值，已知 4 个组分都可用 Weibull 函数［式（2.3a）］拟合，有

$$f_{\text{IMI}} = 1 - \exp(-\exp[\alpha + \beta \cdot \lg(c_{\text{IMI}})]) = 1 - \exp(-\exp[5.44 + 1.69 \times \lg(1.555\text{E}-5)]) = 0.06588$$

$$f_{\text{[hmim]Cl}} = 1 - \exp(-\exp[9.71 + 3.55 \times \lg(6.253\text{E}-5)]) = 0.005426$$

$$f_{\text{CHL}} = 1 - \exp(-\exp[8.31 + 1.37 \times \lg(1.204\text{E}-8)]) = 0.07587$$

$$f_{\text{POL}} = 1 - \exp(-\exp[33.39 + 6.06 \times \lg(1.183\text{E}-7)]) = 1.864\text{E}-4$$

代入 IA 模型计算混合物效应，有

$$E(C_{\text{mix}})=1-\prod_{i=1}^{m}[1-f(c_i)]=1-(1-0.06588)\cdot(1-0.005426)\cdot(1-0.07587)\cdot(1-1.864\,\text{E}-4)$$
$$=0.1416$$

同理可计算其他混合物实验浓度下的 IA 预测效应，结果全部列入表 4.2 中的第 9 列即“IA[a] 预测”列。

（2）迭代法求解指定效应下 IA 模型的预测效应

根据式（4.11）迭代计算各个指定效应下的混合物浓度，16 个指定效应（第 11 列）的混合物浓度结果（第 11 列）列于表 4.2 中（计算过程略）。

如果以表 4.2 中 3 次重复测试效应、CRC 拟合效应、95%效应置信区间的上下限效应以及由 IA 模型预测的 12 个实验浓度下的预测效应即第 3、4、5、6、7、8 和 9 列各个效应值对实验浓度作图，如图 4.4（a）所示。图中红实线是以 12 个实验浓度为基础通过 IA 直接预测效应的结果。如果以表 4.2 中第 3、4、5、6、7 和 8 列各个效应值对实验浓度作图，以及将 16 个指定效应（$x=0.05, 0.10, 0.15, \cdots, 0.80$）（第 11 列）对 IA 迭代预测的浓度（第 10 列）作图，如图 4.4（b）所示。

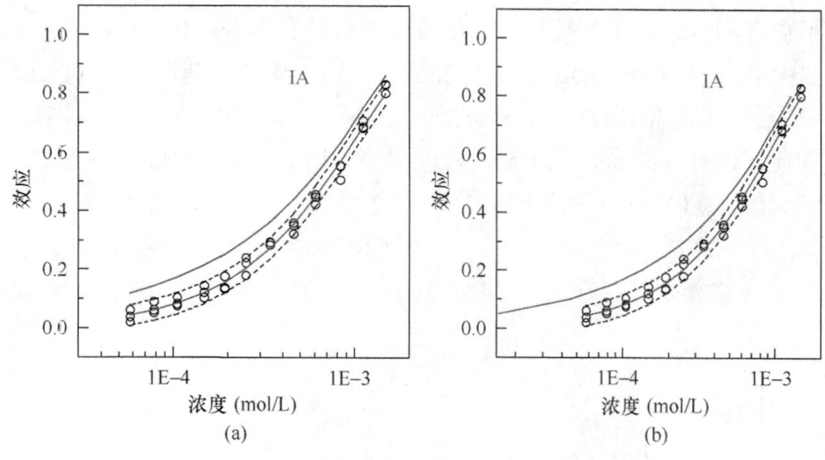

图 4.4　IA 预测 CRC

（a）基于实验浓度；（b）基于指定效应。○：实验点；—：拟合线；---：观测置信区间；—：IA 预测线

由图 4.4 可知，基于实验浓度预测效应（12 个点）的 IA 预测 CRC 的位置［图 4.4（a）］与基于指定效应预测混合物浓度（16 个点）的 IA 预测 CRC 的位置［图 4.4（b）］是不一样的，前者是覆盖全部实验浓度范围，但 IA 预测效应比实验效应要高，后者则覆盖了指定效应，但包含了比实验浓度更低的浓度范围。与 CA 预测 CRC 相比，在高浓度区域，IA 预测 CRC 更接近实验拟合 CRC，即以 IA 为加和参考时其协同作用的强度不如 CA 为加和参考时大。

4.3.4 CA 与 IA 的不同应用范围

CA 和 IA 作为加和参考模型广泛应用于混合污染物的联合毒性评估（Cedergreen et al.，2008；Baldwin and Roling，2009；Wang et al.，2009；Ermler et al.，2011；Christen et al.，2012；Ermler et al.，2014）。例如，Zhang 等（2012）以 CA 和 IA 模型为参考模型评估了离子液体与有机磷农药间产生的毒性相互作用；Backhaus 等（2000b）也曾用 CA 和 IA 模型对喹诺酮类物质构成的混合物体系进行毒性评估。综合现有的文献报道，CA 被认为适用于具有相似作用模式化合物的混合物，而 IA 则适用于具有相异作用模式化合物的混合物。例如，由 25 种具有相似作用模式的除草剂构成的混合物，其混合物毒性可用 CA 模型准确预测（Altenburger et al.，2000）；由 16 种相异作用模式的化学品构成的混合物可用 IA 模型进行准确预测（Backhaus et al.，2000a）。然而，由于大多数污染物对相关靶标的作用机理尚不明确以及如何判定“相异”作用模式的难题无法解决，何时应用 CA 或 IA 仍是悬而未决的难题。

在实际工作中，CA 预测的 CRC 可能高于、低于或等于 IA 预测的 CRC（图 4.5），这取决于混合物包含的组分数目、各组分浓度分数、组分 CRC 特征等多个因素。16 种相异作用物质（Backhaus et al.，2000a）、均三嗪除草剂混合物（Faust et al.，2001）、25 种除草剂相似作用物质（Altenburger et al.，2000）以及 4 种多环芳烃相似作用物质（Olmstead and LeBlanc，2005）等构成的混合物体系，其 CA 模型预测 CRC 明显高于 IA 模型预测 CRC。苯酚及其衍生物（莫凌云等，2008）和苯胺类（葛会林等，2006）混合物，其 CA 预测 CRC 则小于 IA 预测。Payne 等（2000）发现 DDT、木黄酮、丁基酚与壬基酚的混合物，其 CA 与 IA 预测 CRC 是相互交

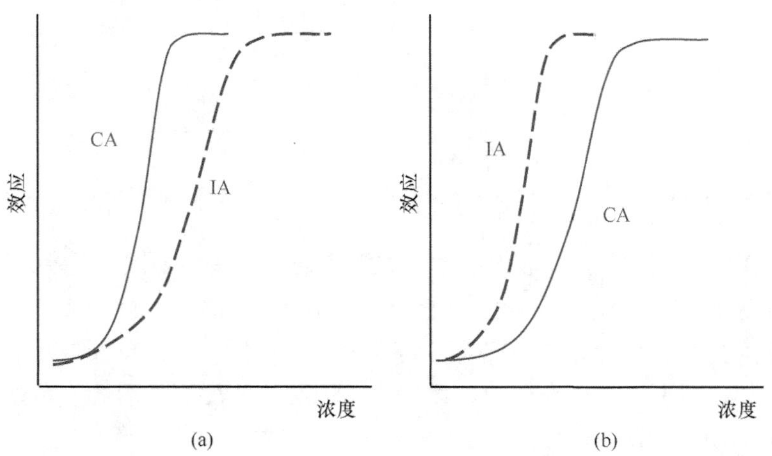

图 4.5　CA 预测 CRC 可能高于（a）或低于 IA 预测预测 CRC（b）（刘树深等，2013）

叉的。宋晓青等（2008）则发现部分除草剂与重金属混合物体系中 3 条混合物射线，在总效应为 40%以下时，实验毒性与 CA 或 IA 预测的毒性基本一致，但随总浓度增加，CA 与 IA 预测的差别逐渐增大，实验效应数据点更接近于 CA 预测曲线。

4.4　效应相加模型

4.4.1　概述

效应相加（effect summation，ES）模型认为混合物效应等于该混合物中各组分效应之和。

$$E(C_{\text{mix}}) = E(c_1) + E(c_2) + \cdots + E(c_m) = \sum_{i=1}^{m} E(c_i) \tag{4.12}$$

式中，$E(c_i)$是指混合物中浓度为 c_i 的第 i 个组分的效应，可通过该组分的 CRC 拟合函数计算出来。

ES 模型曾经被广泛应用，目前仍有不少研究，其原因是原理简单与计算方便。然而，ES 模型不能解释“虚拟组合”（sham combination）现象（刘树深等，2013），因而被逐渐淘汰。

下面举例说明虚拟组合现象。假定由相同组分（一个组分即单组分）组成一个所谓的虚拟二元混合物，即假定是由两组分 A 和 B 构成的混合物（实际上只有一个组分）。换句话说，该混合物中组分 A 和组分 B 的 CRC 是相同的（图 4.6）。设某混合物点由浓度为 c_1 的 A 组分和浓度也为 c_1 的 B 组分构成，即该混合物中 A 的浓度为 $c_A = c_1$，B 的浓度为 $c_B = c_1$，那么该混合物总浓度为 $c_A + c_B = 2c_1$。图 4.6 给出了一个虚拟组合的示例。从图 4.6 可知，浓度为 c_1 的 A 组分的效应 $E(c_A)$ 约为 0.2，浓度为 c_1 的 B 组分的效应 $E(c_B)$也为 0.2（因为组分 B 与组分 A 是同一个物质，其 CRC 相同），那么总浓度为 $2c_1$ 的混合物（A+B）的效应按 ES 模型式（4.12）计算应该为

$$E(C_{\text{mix}}) = E(c_A) + E(c_B) = 0.2 + 0.2 = 0.4 = 40\%$$

而从图 4.6 中混合物 CRC（因为是同一个组分构成的虚拟混合物，故混合物 CRC 与其中组分 A 或 B 的 CRC 是同一条 CRC）中查得的总浓度为 $2c_1$ 的混合物的实际效应约是 85%，远远大于 ES 模型估计的效应 40%，由此判定该混合物有显著的协同效应。这显然是不合理的，因为这是同一个物质。

然而，CA 模型却可以合理解释这个虚拟组合现象。因为：

$$\sum_{i=1}^{2} \frac{c_i}{\text{EC}_{x,i}} = \frac{c_A}{\text{EC}_{x,A}} + \frac{c_B}{\text{EC}_{x,B}}$$

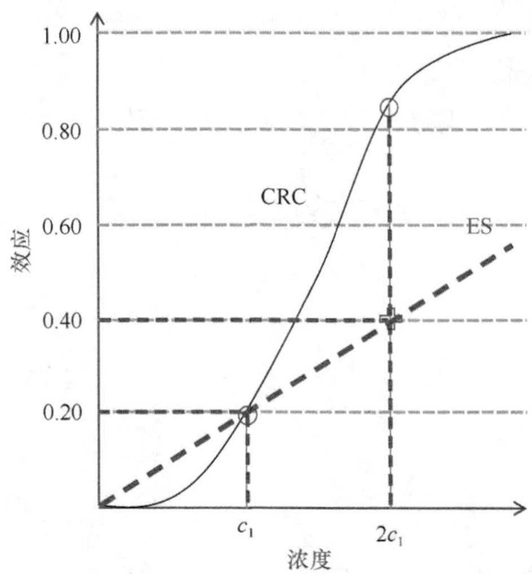

图 4.6　虚拟组合示例图（图中黑实线为某假组分的 CRC）

式中，c_A 和 c_B 分别是混合物产生效应 $x = 85\%$时该混合物中组分 A 和 B 的浓度，即 $c_A= c_1$ 与 $c_B= c_1$，$EC_{85,A}$ 与 $EC_{85,B}$ 是组分 A 和组分 B 单独存在时产生与混合物效应（$x = 85\%$）相同大小时的浓度（因为是同一个物质，所以组分 A 与 B 的浓度大小与混合物相同，也为 $2c_1$），那么上式变为

$$\frac{c_A}{EC_{85,A}}+\frac{c_A}{EC_{85,A}}=\frac{c_1}{2c_1}+\frac{c_1}{2c_1}=\frac{2c_1}{2c_1}=1$$

所以符合 CA 模型［式（4.1)］。这也许是美国环境保护署推荐 CA 模型作为化学混合物效应评估与预测的加和参考模型的主要原因之一。

从图 4.6 可看出，如果混合物中各个组分的效应是随浓度的增加而线性增加，即组分的 CRC 是 1 条通过浓度–效应图的坐标原点的直线，ES 模型是同样可以解释虚拟组合现象的。然而，目前发现的大多数污染物或毒物的 CRC 不是完全线性的甚至也不是对数线性的。这也许是近年来很少使用 ES 模型评估混合物毒性相互作用的原因之一。

4.4.2　ES 预测 CRC 的构建

与 CA 预测 CRC 及 IA 预测 CRC 构建原理一样，ES 模型预测 CRC 也分为基于指定效应预测混合物浓度及基于实验浓度预测效应的方法，下面分别介绍。

1. 二分迭代法求解指定效应下 ES 模型预测混合物总浓度

如果混合物效应统一用 x 表示，则 ES 模型可表达为

$$x = E(C_{\text{mix}}) = \sum_{i=1}^{m} E(c_i) = \sum_{i=1}^{m} f_i(p_i \cdot EC_{x,\text{mix}}) \tag{4.13}$$

由于混合物总浓度 $EC_{x,\text{mix}}$ 隐含于各组分的 CRC 拟合函数 f_i 中，与 IA 模型一样，只有采用迭代方法才能获得指定效应 x 下的混合物浓度。其迭代式可写为

$$y(E\hat{C}_{x,\text{mix}}) = x - \sum_{i=1}^{m} f_i(p_i \cdot E\hat{C}_{x,\text{mix}}) \tag{4.14}$$

则当 $y(E\hat{C}_{x,\text{mix}})=0$ 时，对应迭代浓度即是总效应 x 下的混合物浓度 $E\hat{C}_{x,\text{mix}}$。

给定合适的混合物浓度初值和迭代终止误差，应用 4.2 节中的二分迭代方法即可求得各指定效应下混合物的浓度，完成 ES 模型预测的 CRC。

2. 直接法求 ES 模型预测实验浓度下的效应

由式（4.13）的 ES 模型可知，在已知混合物浓度和各组分浓度分数时，可直接应用式（4.13）计算各实验混合物浓度下混合物的效应。

4.4.3 ES 预测 CRC 实例

【例 4.3】 仍以 CA 模型预测 CRC 中的四元混合物体系即 IMI-[hmim]Cl-CHL-POL 为例。射线也选择其中等 EC_{50} 比射线，即 EECR 射线。已知该射线的基本浓度组成 BCC =（$EC_{50,\text{IMI}}$，$EC_{50,\text{[hmimi]Cl}}$，$EC_{50,\text{CHL}}$，$EC_{50,\text{POL}}$）=（4.534E–4，1.823E–4，3.504E–7，3.448E–6），该射线中各组分的浓度分数分别为：p_{IMI} = 0.1988、$p_{\text{[hmim]Cl}}$ = 0.7995、p_{CHL} = 1.540E–4、p_{POL} = 1.512E–3。应用毒性测试方法对该射线上 12 个不同浓度水平的混合物点进行发光抑制毒性测试并进行曲线拟合，表明该混合物射线的 CRC 可用 Weibull 函数有效描述，其回归系数 α = 7.660 和 β = 2.540。根据式（4.14）进行二分迭代所求得的各个指定效应（共 16 个）下 ES 预测的混合物浓度结果及根据式（4.13）进行直接计算得到的各实验浓度（共 12 个）下的 ES 预测效应值连同实验数据、拟合效应及置信区间结果一并列入表 4.3。

表 4.3 与表 4.1 中前 8 列（第 1～8 列）数据相同，分别是编号、实验浓度、3 次平行实验效应、拟合效应与效应置信区间上下限数据；第 9 列为 ES 在 12 个实验浓度下直接预测的效应值，即按式（4.13）进行直接预测的效应值；第 10 列为在指定效应（第 11 列）下进行 ES 迭代运算时预测的混合物浓度，即按式（4.14）进行迭代计算的预测浓度；第 11 列为指定效应值。

那么，在 12 个混合物实验浓度下由 ES 模型通过各组分的剂量–效应模型及混合物浓度预测的毒性效应分别为多少？在指定混合物 16 个效应（x = 0.05，0.10，0.15，…，0.80）下由 ES 预测的效应浓度又各是多少？

表 4.3　等 EC_{50} 比四元混合物射线的实验 CRC 与 ES 预测 CRC 结果

编号	实验浓度（mol/L）	实验效应 1	实验效应 2	实验效应 3	拟合效应	OCI 上限	OCI 上限	ES[a] 预测	ES[b] 预测浓度（mol/L）	指定效应
1	5.755E–5	0.0609	0.0205	0.0379	0.0436	0.0786	0.0086	0.1201	1.518E–5	0.0500
2	7.821E–5	0.0528	0.0897	0.0607	0.0607	0.0961	0.0253	*0.1474*	4.368E–5	0.1000
3	1.048E–4	0.0815	0.1037	0.0752	0.0828	0.1186	0.0470	0.1796	8.029E–5	0.1500
4	1.476E–4	0.1027	0.1440	0.1211	0.1185	0.1548	0.0822	0.2271	1.227E–4	0.2000
5	1.918E–4	0.1335	0.1768	0.1377	0.1550	0.1916	0.1184	0.2727	1.695E–4	0.2500
6	2.509E–4	0.2224	0.1795	0.2403	0.2026	0.2393	0.1659	0.3305	2.194E–4	0.3000
7	3.394E–4	0.2941	0.2848	0.2932	0.2710	0.3076	0.2344	0.4134	2.714E–4	0.3500
8	4.575E–4	0.3593	0.3215	0.3511	0.3555	0.3919	0.3191	0.5214	3.249E–4	0.4000
9	6.051E–4	0.4472	0.4220	0.4568	0.4501	0.4866	0.4136	0.6571	3.793E–4	0.4500
10	8.264E–4	0.5060	0.5538	0.5551	0.5698	0.6071	0.5325	0.8682	4.340E–4	0.5000
11	1.107E–3	0.6867	0.7063	0.6826	0.6878	0.7264	0.6492	1.1535	4.888E–4	0.5500
12	1.476E–3	0.7998	0.8289	0.8309	0.7979	0.8380	0.7578	1.5511	5.433E–4	0.6000
13									5.975E–4	0.6500
14									6.510E–4	0.7000
15									7.040E–4	0.7500
16									7.562E–4	0.8000

a 基于实验浓度［式（4.12）］；b 基于指定效应［式（4.13）迭代］

【解】（1）直接法计算实验浓度下 ES 模型的预测效应

下面以第 2 个实验浓度 7.821E–5 mol/L 为基础，应用直接法获得 ES 预测的第 2 个效应为 0.1474（表 4.3 中斜体数据），说明其具体计算过程。

已知 4 个混合物组分的 CRC 均可用 Weibull 函数有效拟合，各组分 CRC 的回归系数为

对于 IMI：$\alpha = 5.44; \beta = 1.69$

对于[hmim]Cl：$\alpha = 9.71; \beta = 3.55$

对于 CHL：$\alpha = 8.31; \beta = 1.37$

对于 POL：$\alpha = 33.39; \beta = 6.06$

由等 EC_{50} 比射线中各组分的浓度分数 p_i 可计算第 2 个混合物点中各组分的浓度 c_i：

$$c_{\mathrm{IMI}} = p_{\mathrm{IMI}} \cdot C_{\mathrm{mix}} = 0.1988 \times 7.821\mathrm{E}-5 = 1.555\mathrm{E}-5$$

$$c_{\mathrm{[hmim]Cl}} = p_{\mathrm{[hmim]Cl}} \cdot C_{\mathrm{mix}} = 0.7995 \times 7.821\mathrm{E}-5 = 6.253\mathrm{E}-5$$

$$c_{\mathrm{CHL}} = p_{\mathrm{CHL}} \cdot C_{\mathrm{mix}} = 0.000154 \times 7.821\mathrm{E}-5 = 1.204\mathrm{E}-8$$

$$c_{\mathrm{POL}} = p_{\mathrm{POL}} \cdot C_{\mathrm{mix}} = 0.001512 \times 7.821\mathrm{E}-5 = 1.183\mathrm{E}-7$$

应用这些组分各自的拟合 CRC 函数计算各组分单独存在时上述浓度下的效应值，已知 4 个组分都可用 Weibull 函数［式 2.3（a）］拟合，有

$$f_{\mathrm{IMI}} = 1-\exp(-\exp[\alpha+\beta\cdot\lg(c_{\mathrm{IMI}})] = 1-\exp(-\exp[5.44+1.69\times\lg(1.555\mathrm{E}-5)]) = 0.06588$$

$$f_{[\mathrm{hmim}]\mathrm{Cl}} = 1-\exp(-\exp[9.71+3.55\times\lg(6.253\mathrm{E}-5)]) = 0.005426$$

$$f_{\mathrm{CHL}} = 1-\exp(-\exp[8.31+1.37\times\lg(1.204\mathrm{E}-8)]) = 0.07587$$

$$f_{\mathrm{POL}} = 1-\exp(-\exp[33.39+6.06\times\lg(1.183\mathrm{E}-7)]) = 1.864\mathrm{E}-4$$

代入 ES 模型计算混合物效应，有

$$E(C_{\mathrm{mix}}) = \sum_{i=1}^{m} f_i(c_i) = 0.06588 + 0.005426 + 0.07587 + 1.864\mathrm{E}-4 = 0.1474$$

同理可计算其他混合物实验浓度下的 ES 预测效应，结果全部放入表 4.3 中的第 8 列即“ES^{a}预测”列。

（2）迭代法求解指定效应下 ES 模型的预测效应

根据式（4.14）迭代计算指定效应下的各个混合物浓度，16 个指定效应（第 11 列）的混合物浓度（第 10 列）结果列于表 4.3 中。

如果以表 4.3 中 3 次重复测试效应、CRC 拟合效应、95%效应置信区间的上下限效应以及由 ES 模型［式（4.12）］预测的 12 个实验浓度下的预测效应即第 3、4、5、6、7、8 和 9 列各个效应值对实验浓度作图，如图 4.7（a）所示。图中红实线是以 12 个实验浓度为基础通过 ES 直接预测效应的结果。如果以表 4.3 中第 3、4、5、6、7 和 8 列各个效应值对实验浓度作图，以及将 16 个指定效应（$x = 0.05$，0.10，0.15，…，0.80）（第 11 列）对 ES 二分迭代［式（4.14）］预测的浓度（第 10 列）作图，如图 4.7（b）所示。

从图 4.7 可知，与 CA 及 IA 模型预测 CRC 比较，ES 预测 CRC 偏离实验拟合 CRC 更大，特别是高浓度部分。

4.4.4 “无中生有”不是协同

以 ES 模型为加和参考定义的经典协同或拮抗在许多环境毒理学研究中证明是不合理的。例如，多个处于无观测效应浓度（NOEC）甚至低于 NOEC 的化学物构成的混合物体系，根据 ES 模型进行分析时，其混合物效应应该等于零甚至更低，但实际混合物效应却明显大于零，产生所谓“无中生有”的现象，即 ES 模型认为的经典“协同”作用。

图 4.8 列举了 2 个“无中生有”混合物案例。

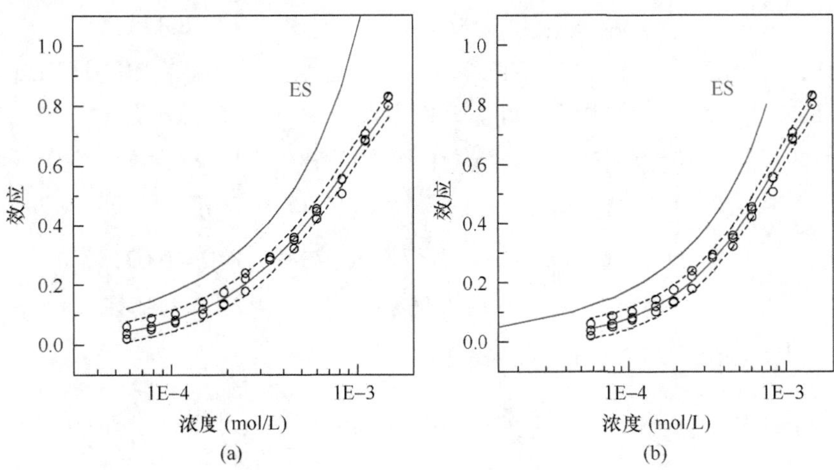

图 4.7　ES 预测 CRC

（a）基于实验浓度；（b）基于指定效应。（空圆为实验点，蓝色实线为拟合线，虚线为 95%置信区间，红色实线为 ES 预测线）

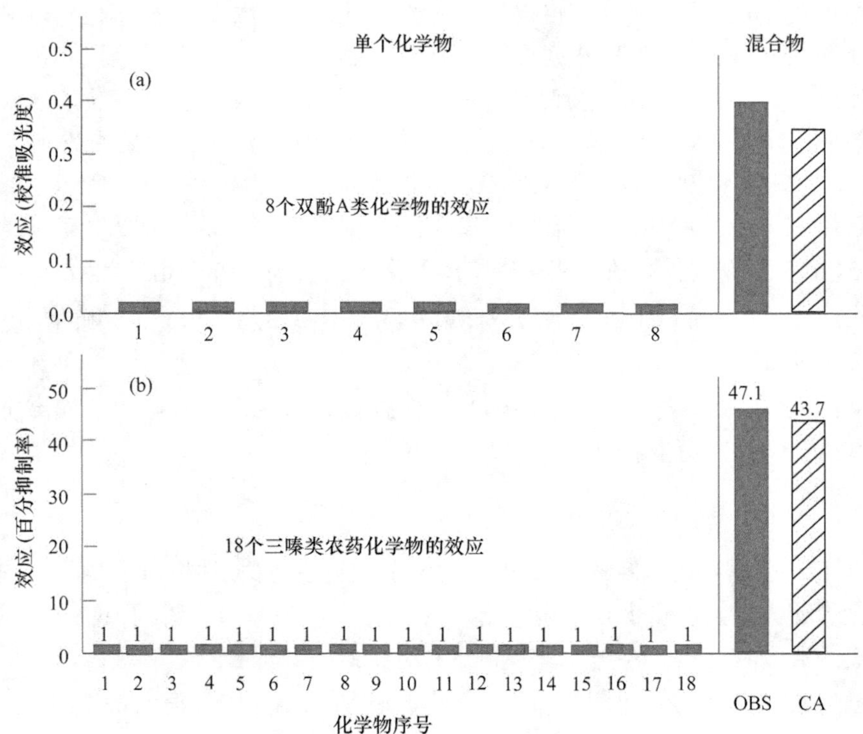

图 4.8　“无中生有”示例图

改编自文献（Faust et al.，2001；Silva et al.，2002）

图 4.8（a），描述了环境体系中 8 种双酚 A 类化学物全部在无观测效应浓度（NOEC）下混合构成的八元混合物的实验效应与预测效应情况。在这里，该八元混合物的实验毒性效应明显大于零，约为 40%（Silva et al.，2002）。如果按 ES 模型预测这 8 个双酚 A 类物质的等 NOEC 比混合物，该混合物效应应该等于零。这是明显的“无中生有”现象。究其原因，是因为通过统计假设推断的 NOEC 不是真正的无效应浓度。有研究发现，大多数文献报道的 NOEC 数据在用回归方法拟合得到的效应浓度在 EC_5 和 EC_{10} 之间（Altenburger et al.，2003）。如果按每个物质贡献 5%，按 ES 模型计算其混合物效应应该为 40%，与混合物实验效应基本一致，不存在所谓的“无中生有”现象了。图中也给出了由 CA 模型预测的混合物效应，结果表明与混合物实验效应没有显著性差异，即不存在“无中生有”的现象。

图 4.8（b）描述了 18 种三嗪类农药在低于 NOEC（均为 EC_1）的浓度下混合时实验混合物效应与 CA 预测效应情况。实验效应为 47.1%（Faust et al.，2001）。如用 ES 模型来做预测分析，该 18 元混合物的预测效应应该是 18%，与实验效应 47.1%有明显差异，ES 模型认为该混合物有明显协同作用。然而，如果用 CA 模型来分析，CA 预测的混合物效应为 43.7%，与实验效应不存在显著性差异，为典型的浓度加和作用，不存在协同。我们在考察具有非单调 CRC 特征的 10 个离子液体混合物的毒性效应时也发现“无中生有”的现象，但它们均可以用 CA 模型进行解释（Ge et al.，2011）。

第 5 章　混合物毒性评估与预测

5.1　引　　言

混合物毒性（mixture toxicity）是指具有一定浓度分数及具有一定浓度水平的混合物点（即实体混合物）对某生物靶标的毒性效应大小，文献上也称组合毒性（combined toxicity）或联合毒性（joint toxicity）。从目前文献看，这三个词有什么异同还没有定论。混合物毒性相互作用或毒理学相互作用是指以某种加和参考模型为基础，将参考模型预测效应与实验效应进行比较，分析两者之间有无差异决定的。当实验混合物毒性大于或小于相同浓度水平下的加和参考模型（如 CA、IA 或 ES）预测毒性时，称该混合物具有协同或拮抗相互作用。若没有显著性差异，则称没有毒性相互作用，是加和的。应用加和参考模型分析混合物毒性相互作用的过程称为混合物毒性评估。

应该强调，混合物毒性评估与混合物毒性预测是有明确区别的。评估（assessment or evaluation）是指某混合物毒性已经实验测定（已知），用某种模型计算相同浓度分数与浓度水平下该混合物的毒性，进而分析模型是否适用。预测（prediction）是在证明了混合物毒性大小符合某个模型后，应用该模型去计算具有某种浓度分数与浓度水平的混合物的毒性效应（毒性未知或未测定）的过程。举一个熟悉的例子，如应用 7 种不同浓度的某标准物质分别测定色谱峰高，以峰高为纵坐标、浓度为横坐标作出工作曲线，然后分析所有点（测定了峰高的或已知的）是否在 1 条直线（模型）上的过程就是评估。而用这条工作曲线去推算某峰高的分析样品中该物质的浓度，就是预测。由此看来，目前大量混合物毒性文献特别是多元混合物文献中报道的都是混合物毒性评估而不是预测。例如，用 1 条等毒性浓度（EC_{50}）比射线去评价整个混合物体系的毒性变化规律实际上只是一个评估这条射线的过程，由此获得的加和、协同或拮抗相互作用只适用于这条射线，对整个混合物体系的其他射线是否有预测能力尚属未知，是不能随意外推的。

本章将介绍基于观测置信区间与整个 CRC 的科学合理的混合物毒性评估方法，包括基于观测置信区间的实验 CRC 与不同加和参考模型比较的方法及在医学与药物科学中得以广泛应用并开始引入环境科学领域的组合指数（combination index，CI）方法。

5.2　基于置信区间的 CRC 比较（定性）

5.2.1　观测毒性与加和参考模型定性比较

只要知道了各个混合物组分在不同浓度下的毒性效应，就可以进行曲线拟合，或非线性最小二乘方法获得这些组分的 CRC 模型，进而可以求得各个组分在任意效应下的效应浓度，或者任意浓度下的效应。利用单个混合物组分的浓度–效应信息，就可按某种加和模型预测具有确定混合比和确定浓度水平的混合物的毒性效应。也就是说，知道了混合物中各组分的浓度分数及混合物总浓度，并已获得单个组分的浓度–效应关系，就可利用第 4 章加和参考模型（如 CA、IA 和 ES 模型）相关方法计算各个混合物效应符合参考模型的预测 CRC。

混合物毒性评估就是根据混合物毒性测定结果及其置信区间，与某加和参考模型预测结果进行比较分析获取待测混合物的毒性相互作用信息。如果两者之间没有显著性差异，就说明混合物效应是加和的，该混合物（实体混合物点）不存在毒性相互作用。如果有显著性差异，就说明混合物效应是协同的或拮抗的，该混合物存在毒性相互作用。图 1.4 示例了协同、拮抗和加和作用下加和参考模型预测 CRC 与实验拟合 CRC 置信区间的相关关系。在这个图中，整个混合物 CRC 处处具有相同的毒性相互作用。然而，实际环境中，混合物毒性相互作用不一定是处处相同的，可能依赖于混合物浓度水平，即不同浓度水平下具有不同的相互作用。这可用图 5.1 进行说明。

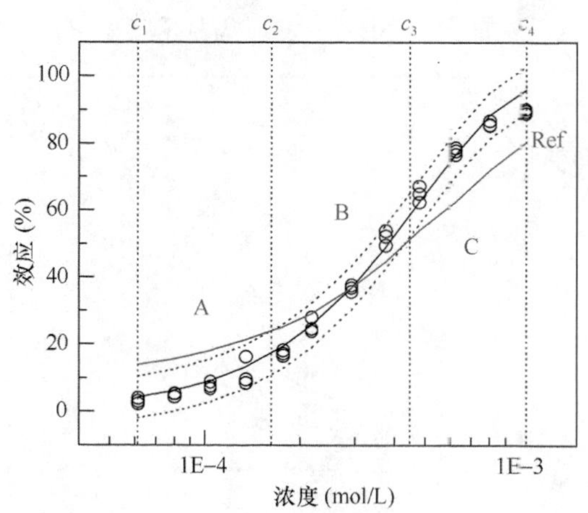

图 5.1　基于置信区间的 CRC 比较评估混合物毒性相互作用

A 区：拮抗；B 区：加和作用；C 区：协同

图 5.1 示例了某多元混合物射线的剂量–效应关系。其中圆圈表示该混合物射线 12 个不同浓度水平下实验测试的毒性效应值（即百分抑制效应），每个浓度 3 次重复测定效应，黑实线是拟合曲线，虚线是 95%观测置信区间，红实线是某加和参考模型（Ref）对该混合物射线不同浓度的预测效应。从该图可知，当混合物射线浓度从 c_1 增加到 c_2 时，相同浓度下加和参考模型（Ref）预测的效应大于 95%观测置信区间的置信上限，此浓度区间内各混合物表现为拮抗相互作用；当浓度从 c_2 增加到 c_3 时，相同浓度下 Ref 预测的效应位于 95%观测置信区间内，表现为加和作用；而浓度从 c_3 增加到 c_4 时，相同浓度下 Ref 预测的效应小于 95%观测置信区间的置信下限，各混合物表现为协同相互作用。图 5.1 表明，混合物毒性相互作用即使是具有固定浓度比（即各组分具有固定浓度分数 p）的同一条混合物射线，在不同浓度范围内其毒性相互作用也可能是不相同的，即混合物毒性相互作用具有浓度依赖性。前面也多次强调，具有一定化学组成的化学混合物是一个复杂混合物体系，其中有无数条不同混合比的混合物射线，不同射线也可能具有不同的毒性相互作用，这称为混合物毒性相互作用具有混合比依赖性（Moser et al.，2006）。因此，在说明混合物的毒性或毒性相互作用时，必须指明该混合物的混合比及混合物浓度水平。

应该指出，以不同的加和模型为参考标准，所获得的某混合物的毒性相互作用可能具有不一样的结果，这就像一栋房子的高度，以地面为零高度参考和以海平面为零高度参考时其高度是不一样的。图 5.2 给出了某三元混合物体系中的一条混合物射线，在以 CA 与 IA 分别为加和参考时的毒性相互作用情况。从图 5.2 可知，如果以 IA 模型为加和参考，该混合物射线在各个浓度水平下的 IA 预测效应基本上均处于 95%观测置信区间内，表现为加和，没有毒性相互作用。然而，

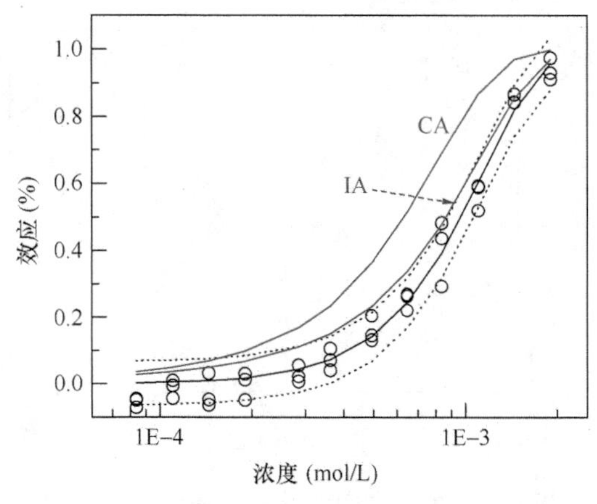

图 5.2　某[hmim]Cl-IMI-POL 射线的毒性相互作用分析

○：实验观测毒性；⋯：95%观测置信区间；—：拟合 CRC；—：CA 预测 CRC；—：IA 预测 CRC

如果以 CA 模型为加和参考，则大部分浓度水平下，CA 预测效应均大于实验混合物 95%观测置信区间的置信上限，表现出拮抗相互作用。所以，有学者指出，目前所谓的加和参考模型都只是概念模型或工作模型，没有严格的理论基础，也不直接与作用机理相互关联，应认为只是分析相互作用的一种参考（Altenburger et al.，2003）。

该三元混合物射线中 3 个组分[hmim]Cl、IMI 及 POL 的浓度分数分别为 0.964119、0.033657 和 0.002225，3 个组分单独存在时其拟合 CRC 都为 Weibull 模型，位置参数α分别为 9.71、5.44 和 33.39，形状参数β分别为 3.55、1.69 和 6.06。该混合物射线的实验浓度、3 次重复测试毒性效应、拟合效应、95%观测置信区间及 CA 与 IA 模型预测的效应数据见表 5.1。

表 5.1　某[hmim]Cl-IMI-POL 射线 12 个浓度水平的效应数据

编号	浓度（mol/L）	效应 1	效应 2	效应 3	拟合效应	置信上限	置信下限	CA 预测效应	IA 预测效应
1	8.374E–5	–0.0440	–0.0485	–0.0714	0.0028	0.0690	–0.0634	0.0363	0.0278
2	1.104E–4	–0.0429	0.0104	–0.0057	0.0051	0.0714	–0.0612	0.0497	0.0368
3	1.446E–4	–0.0628	0.0328	–0.0464	0.0094	0.0759	–0.0571	0.0687	0.0491
4	1.903E–4	0.0304	0.0123	–0.0490	0.0175	0.0844	–0.0494	0.0973	0.0671
5	2.855E–4	0.0228	0.0554	0.0075	0.0430	0.1115	–0.0255	0.1679	0.1103
6	3.616E–4	0.0724	0.0422	0.1065	0.0721	0.1423	0.0019	0.2336	0.1503
7	4.948E–4	0.1465	0.2045	0.1310	0.1407	0.2138	0.0676	0.3621	0.2309
8	6.471E–4	0.2633	0.2689	0.2204	0.2425	0.3171	0.1679	0.5156	0.3363
9	8.374E–4	0.4366	0.4826	0.2929	0.3914	0.4655	0.3173	0.6909	0.4781
10	1.104E–3	0.5198	0.5927	0.5887	0.6037	0.6779	0.5295	0.8666	0.6689
11	1.446E–3	0.8660	0.8419	0.8425	0.8177	0.8948	0.7406	0.9693	0.8535
12	1.903E–3	0.9746	0.9105	0.9297	0.9576	1.0363	0.8789	0.9979	0.9691

5.2.2　CA 与 IA 加和参考模型分析比较

很多文献认为 CA 模型适用于评估具有相似作用模式化合物构成的混合物体系，而 IA 适用于评估具有相异作用模式化合物的混合物（Barata et al.，2012；Villa et al.，2012；Villa et al.，2014）。然而，迄今为止大多数化学污染物对相关靶标的作用位点与作用模式是未知的，作用模式的相似度（相似或相异）问题并没有一个严格、统一的评判标准。事实上，目前关于作用模式或机理的知识更多地适用于化学物具有浓度线性关系的混合物组分。因此，CA 或 IA 参考模型与混合物组分的作用模式或作用机理并无直接关联，不管是 CA 还是 IA 都是一个概念模型，只是评估混合物毒性相互作用的一种参考。在混合物毒性相互作用评估时，只要直接指明加和参考即可。有文献建议，只有当使用 CA 和 IA 评估混合物毒性相互作用获得一致结果时才能确定毒性相互作用，这也是不合适的，因为在很多情况下不可能得到一致的结果。另一方面，目前大多数混合物毒性相互作用评估都是在一个混合比（如等毒性浓度比）和一个浓度水平（EC_{50}）下进行的，如果考虑不同混合比或其他浓度水平，这种一致性就更难达到。

此外，当混合物组分数大于等于 3 时，如何评估混合物体系的相异作用模式（mode of action，MOA）是一个目前无法解决的难题，那么从 MOA 观点去评估这些混合物时，很难决定是使用 CA 还是 IA。实际环境中的混合物是非常复杂的，完全相似或完全相异 MOA 的混合物只是理想状态。事实上，某些混合物组分可能具有相似 MOA，另一些则具有相异 MOA，此时需要采用将 CA 与 IA 综合起来考虑的方法。Junghans 在他的博士论文中提出了两阶段预测模型（two-step prediction，TSP）方法（Junghans，2004）。TSP 方法已应用于废水处理厂出水中检测到的 10 组分混合物的毒性评估（Ra et al.，2006）。Kim 等以 MOA 为基础应用 QSAR 和偏最小二乘方法构建了整合加和模型（integrated addition model，IAM）（Kim et al.，2013；2014）。Mwense 等提出了不完全依赖于 MOA 及基于模糊集的整合模型 INFCIM（INtegrated Fuzzy Concentration addition - Independent action Model）方法，并以 18 个具有相似 MOA 的均三嗪化合物与 16 个具有 MOA 的化合物构成的混合物示例了 INFCIM 方法（Mwense et al.，2004；2006）。Wang 等（2009）将 TSP 与 INFCIM 同时应用于 4 种 MOA 的 12 种工业有机化学品的混合物毒性评估，并得出 INFCIM 优于 TSP 模型的结论。考虑到 INFCIM 方法中采用了“浓度 = 浓度 + 效应”形式的近于武断的基本公式，Qin 等采用“浓度 = 浓度 + 浓度”公式改良了该整合模型，并运用均匀设计方法构建混合物校正集，得到具有真正预测能力的混合物模型（Qin et al.，2011）。

不管使用什么样的加和参考模型或预测模型，均需要考虑混合物体系毒性相互作用可能具有混合比依赖性或浓度水平依赖性。对于一个确定的混合物体系，必须合理有效地设计多条混合物射线且每条射线安排多个混合物浓度水平以充分考察各混合物毒性相互作用，分析与揭示不同混合物毒性变化规律，才能实施混合物毒性预测。

5.2.3 拟合归零与毒性相互作用的定量评估

虽然通过实验 CRC 与加和参考模型预测 CRC 的比较，分析预测 CRC 上不同混合物效应是否在观测置信区间内可以定性地考察各混合物是否具有毒性相互作用。然而，由于在低浓度水平下的毒性测试往往具有相对较大的测定误差，同时毒性效应又相对较小，因此，在 CRC 的低浓度水平处的毒性评估要格外谨慎，有时需要从整个 CRC 的变化规律进行合理的外推。为了减少这种判别误差，可以将评估系统中的毒性效应进行归零化处理，使各个浓度水平的效应归一化到同一尺度。方法之一就是以拟合 CRC 归零为基础，将实验效应、置信区间及预测 CRC 数据投影到拟合曲线上，如图 5.3 所示。图 5.3（a）与图 5.3（b）中的横坐标是相同的，均为浓度，但图 5.3（b）中的纵坐标是图 5.3（a）中纵坐标（x）减去相应浓度下的拟合效应（x_{Fit}），即纵坐标为（$x - x_{\mathrm{Fit}}$）。显然，图 5.3（a）中的拟合曲线在图 5.3（b）中是一条水平线，即所有效应值都为零（归零）。图 5.3（b）就称为拟合归零图。这样，毒性相互作用可分为三个区域，即拮抗区（$x - x_{\mathrm{Fit}} >$ 拟合归零的观测置信区间的置信上限）、加和作用区（$x - x_{\mathrm{Fit}}$ 位于拟合归零的观测置信区间）和协同区（$x - x_{\mathrm{Fit}} <$拟合归零的观测置信区间的置信下限）。

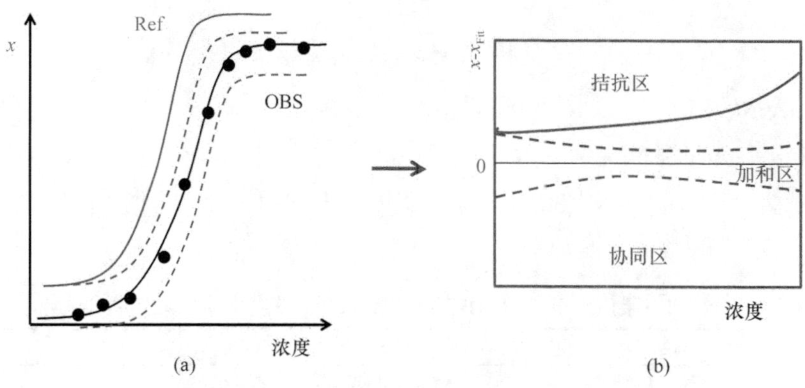

图 5.3　从常规 CRC 到拟合效应归零图谱

将图 5.2 中示例的三元混合物射线的 CRC 谱进行拟合归零处理可得图 5.4。图 5.4 比图 5.2 更加清晰地表达了该射线不同浓度水平处的毒性相互作用。在拟合归零图 5.4 中，可以非常清晰地看到第 9 个浓度水平下混合物的毒性相互作用最大，其他混合物点的毒性相互作用变化大小也清晰可比，而在常规 CRC 图 5.2 中，第 6 个点开始至第 11 个浓度水平点的毒性相互作用看不出有明显差异。特别地，在以 IA 为加和参考模型时，第 7、8 和 9 三个浓度水平下在拟合归零图中也能看到存在微弱的拮抗相互作用，而这在图 5.2 中是基本看不出来的。

基于 CRC 图谱比较或进行拟合归零处理，即可通过分析在某浓度水平下由加和参考模型预测效应与实验拟合效应之差值对毒性相互作用（协同或拮抗大小）进行定量表征，这个差值越大，说明毒性相互作用越大。可定义如下物理量对毒性相互作用的大小进行定量评估：

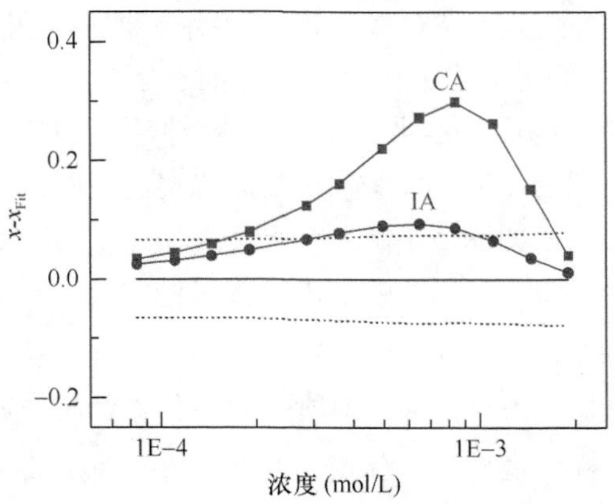

图 5.4　某[hmim]Cl-IMI-POL 射线的拟合归零分析谱

$$dCA_{i,c} = x_{i,\mathrm{CA}} - x_{i,\mathrm{Fit}} \tag{5.1a}$$

$$dIA_{i,c} = x_{i,\mathrm{IA}} - x_{i,\mathrm{Fit}} \tag{5.1b}$$

$$dOCI_{i,\mathrm{U}} = x_{i,\mathrm{U}} - x_{i,\mathrm{Fit}} \tag{5.1c}$$

$$dOCI_{i,L} = x_{i,L} - x_{i,\mathrm{Fit}} \tag{5.1d}$$

利用表 5.1 中数据可求得不同混合物浓度水平下毒性相互作用大小，结果如表 5.2 所示。

表 5.2　某[hmim]Cl-IMI-POL 射线 12 个浓度水平的效应数据

编号	浓度（mol/L）	拟合效应	$dOCI_{i,U}$	$dOCI_{i,L}$	$dCA_{i,c}$	$dIA_{i,c}$
1	8.374E–5	0.0028	0.0662	–0.0662	0.0335	0.0250
2	1.104E–4	0.0051	0.0663	–0.0663	0.0446	0.0317
3	1.446E–4	0.0094	0.0665	–0.0665	0.0593	0.0397
4	1.903E–4	0.0175	0.0669	–0.0669	*0.0798*	0.0496
5	2.855E–4	0.0430	0.0685	–0.0685	*0.1249*	0.0673
6	3.616E–4	0.0721	0.0702	–0.0702	*0.1615*	*0.0782*
7	4.948E–4	0.1407	0.0731	–0.0731	*0.2214*	*0.0902*
8	6.471E–4	0.2425	0.0746	–0.0746	*0.2731*	*0.0938*
9	8.374E–4	0.3914	0.0741	–0.0741	*0.2995*	*0.0867*
10	1.104E–3	0.6037	0.0742	–0.0742	*0.2629*	0.0652
11	1.446E–3	0.8177	0.0771	–0.0771	*0.1516*	0.0358
12	1.903E–3	0.9576	0.0787	–0.0787	0.0403	0.0115

从表 5.2 可知，如果以 CA 为加和参考，则该混合物射线在 3.0E–4～1.5E– 3 mol/L 浓度范围内拮抗作用较为明显，其中混合物射线在 8 个浓度水平下呈现拮抗作用（表中斜体数字）。但若以 IA 为加和参考，几乎在所有浓度范围都

没有毒性相互作用，只在 4 个浓度水平下表现为微弱的毒性相互作用（表中斜体数字）。

由于不同混合物在环境中的浓度是不同的，有时甚至相差多个数量级，因此，为了统一比较分析，在拟合归零分析中可用效应为横坐标，$x \in (0, 1)$，比如 $x =$ 0.1，0.2，0.3，0.4，0.5，0.6，0.7，0.8，0.9，计算不同效应水平下的各个差值，从而比较分析混合物射线在不同效应水平下的毒性相互作用。

由于实验中获得的是不同浓度下的毒性效应数据，各个指定效应下的浓度只有通过最小二乘拟合 CRC 之后才能获得，为了求得各效应下的拟合浓度、置信区间及加和参考模型预测值，就需要重新计算，或以各浓度下的相应效应为节点进行插值计算。详见第 6 章。

5.3　基于置信区间的组合指数

以 CA、IA 和 ES 模型为加和参考模型，将参考模型预测 CRC 与实验拟合 CRC 置信区间进行统计比较可以定性地评估整条混合物射线的剂量–效应曲线在不同浓度或效应区域的毒性相互作用，获得混合物是否产生协同、加和作用或拮抗。选择不同的加和参考模型可能得出不同的毒性相互作用结论。事实上，某实体混合物有什么样的毒性相互作用是与该混合物及作用靶标的本质或者说与作用模式或分子机理相关的，而与选择什么样的加和参考无关。然而，目前混合物毒性研究中的这些参考模型并不与混合物组分的作用机理完全相关，关于 CA 模型适用于具有相似作用模式的组分构成的混合物及 IA 适用于具有相异作用模式的组分构成的混合物的观点没有严格的理论依据。另一方面，目前关于污染物对于某确定毒性终点的作用模式（MOA）数据很不全面，而有关混合物的 MOA 数据则极度匮乏，这严重阻碍了以 MOA 为基础进行混合物毒性评估的进程。事实上，即使有 MOA 的全面数据，如何评价相异 MOA 仍是未解的难题。也因此，有人建议，应同时采用多个加和参考模型来分析毒性相互作用，只有相互作用都一致的情况下才能决定混合物的相互作用。然而，这实际上是很难做到的，因为大多数混合物对不同的参考模型可能没有一致的结果。作者认为，在报告混合物毒性相互作用时，只要说明以什么为加和参考，合理考虑实验误差与拟合误差即可。

自 20 世纪 70 年代以来，Chou 基于质量作用定律推导了近 300 个方程，发现剂量–效应关系具有类似规律，并将此规律定义为半数效应方程（median effect equation，MEE）（Chou，1976）。1981 年在 MEE 研究取得成功的基础上，提出了不依赖于混合物组分作用模式的组合指数（combination index，CI）方法（Chou and Talalay，1983）。这个 CI 是在半数效应方程基础上导出但不依赖于组分作用模式的混合物毒性相互作用评估指数，已广泛应用于评估混合物毒性相互作用（Chou，2006，2009，2010；Rodea-Palomares et al.，2010；Chou，2011；Kostkova et al.，2013；Mo et al.，2016；Zhang et al.，2016）。近年来开始引起环境科学工作者的关注（Rodea-Palomares et al.，2010；Mo et al.，2016）。Liu 曾在混合物射线 CRC 基础上，推导证明了该组合指数与浓度加和及毒性单位法的本质是一致的（Liu et al.，2015a），并在考虑实验误差与拟合误差基础上，提出了带有置信区间的组合指数，以更有效合理地评估混合物毒性相互作用（Liu et al.，2015b）。

5.3.1 半数效应方程与组合指数

Chou 所定义的半数效应方程（Chou，1976）可用下式表示：

$$\frac{f_{\mathrm{a}}}{f_{\mathrm{u}}}=\left(\frac{D}{D_{\mathrm{m}}}\right)^{m} \tag{5.2}$$

式中，D 是药物浓度；f_{a} 是浓度 D 时的效应，$f_{\mathrm{u}}=1-f_{\mathrm{a}}$；$D_{\mathrm{m}}$ 是半数效应浓度（即 EC_{50}）；m 是表征剂量–效应关系形状的参数，$m=1$、>1 或<1 时分别表示剂量–效应关系（CRC）为双曲线、“S”形曲线或扁平“S”形曲线。稍做变换，式（5.2）可以线性化为

$$\log\left(\frac{f_{\mathrm{a}}}{f_{\mathrm{u}}}\right)=m\cdot\log(D)-m\cdot\log D_{\mathrm{m}} \tag{5.3}$$

令 $x=\log(D)$，$y=\log(f_{\mathrm{a}}/f_{\mathrm{u}})$，式（5.3）就是标准的一元一次线性方程。如果浓度 D 与效应 f_{a} 都足够精确，那么已知任意两组 D 与 f_{a} 数据即可求出 CRC 形状参数 m 和半数效应浓度 D_{m} 值，进而可得到任何效应（f_{a}）下的浓度（D）或任何浓度下的效应，即可得到完整的剂量–效应曲线。这与应用非线性最小二乘拟合方法获得 CRC 拟合曲线相比要简单得多。当然，在药物剂量–效应实验中，获得任何剂量下的效应均不可避免地带有实验误差，同样需要多组实验，比如 5～7 组剂量–效应实验数据后进行线性拟合才能获得比较可靠的结果。

Chou 与 Talalay 在半数效应方程基础上，建立了组合指数（Combination Index，简称 CI）方法（Chou and Talalay，1983）。设由 n 个组分构成的多元混合物，在 x（%）效应下的组合指数$(\mathrm{CI})_x$ 或 CI_x 的定义如下：

$$(\mathrm{CI})_x=\sum_{j=1}^{n}\frac{(D_x)_{1\sim n}\cdot\left\{(D)_j/\sum_{j=1}^{n}(D)\right\}}{(D_{\mathrm{m}})_j\cdot\left\{(f_{\mathrm{a},x})_j/(1-(f_{\mathrm{a},x})_j)\right\}^{1/m_j}} \tag{5.4}$$

式中，$(D_x)_{1\sim n}$ 是 x（%）效应时混合物的总浓度（即 $c_{x,\mathrm{mix}}$）；$(D)_j$ 是组分 j 在混合

物射线中某一效应［不一定是效应 x（%）］时的浓度（即 c_j），$\sum(D)$ 是某一效应下混合物中各组分的浓度之和（即 c_{mix}），所以 $(D)_j/\sum(D)$ 是混合物射线中第 j 个组分的浓度占混合物总浓度的浓度分数或组分混合比（即 p_j）。由半数效应方程式（5.2）可知 $(D_{\text{m}})_j\cdot\left\{(f_{\text{a},x})_j/(1-(f_{\text{a},x})_j)\right\}^{1/m_j}=(D_x)_j$，表示第 j 个组分单独存在时产生 x(%)效应时的浓度（即 $\text{EC}_{x,j}$）。这样式（5.4）就变成我们较熟悉的形式：

$$\text{CI}_x=\sum_{j=1}^{n}\frac{c_{x,\text{mix}}\cdot p_j}{\text{EC}_{x,j}}=\sum_{j=1}^{n}\frac{c_j}{\text{EC}_{x,j}} \tag{5.5}$$

式中，p_j 是第 j 个组分在混合物中的混合比。由于每条混合物射线上不同浓度水平下的各个混合物的 p_j 是固定的，因此 c_j 表示的是混合物（射线）产生 x(%)效应时其中第 j 组分的浓度。所以，式（5.5）右边即是在效应 x(%)下的毒性单位和（sum of toxic units，STU）。当 $\text{CI}_x=1$ 时，式（5.5）就简化为 CA 模型。换句话说，组合指数赋予了毒性单位和与浓度加和模型更确切的理论意义，一个与作用模式无关的理论意义。这里，不同于经典的毒性单位和（只在半数效应下定义），而 CI_x 可在任何效应 x 下定义。因此，组合指数可理解为与作用模式无关的多效应下定义的毒性单位和。

应用不同效应下的组合指数 CI_x 可以分析该效应或浓度水平下混合物的毒性相互作用。即当 $\text{CI}_x=1$、<1 或 >1 时分别表示加和作用、协同或拮抗相互作用。要注意的是，在组合指数中只有协同、拮抗与加和作用等 3 种毒性相互作用，没有毒性单位法中的“部分加和”与“独立”的概念（详见第 6 章）。

在 Chou 方法中还定义了剂量减少指数（dose reduction index，DRI）（Chou J H and Chou T C，1988），用来表征某指定效应下混合物射线中第 j 个组分对混合物毒性相互作用的贡献大小。第 j 个组分的 DRI_j 定义为：

$$\text{DRI}_j=\frac{\text{EC}_{x,\text{j}}}{c_j} \tag{5.6}$$

该式可理解为某组分在混合物中引起混合物效应 x 时的浓度比单独存在时产生效应 x 时的浓度减少的倍数。DRI_j 就是第 j 个组分毒性单位 TU_j 的倒数。

可以利用不同效应下的 x-CI_x 和 x-DRI_j 图分析混合物不同效应下的毒性相互作用与混合物中各个组分对毒性相互作用的贡献情况。

5.3.2　包括置信区间的组合指数

在原始 CI_x 定义中，没有考虑实验误差与拟合的不确定度，但毒性实验中这是不可避免的。Liu 等将构建剂量–效曲线置信区间的文献方法（朱祥伟等，2009；

Zhu et al.，2013）拓展到组合指数方法中，建立了包括置信区间的组合指数方法（Liu et al.，2015a）。5.2 节说明了从含有观测置信区间的实验拟合 CRC 与 CA 预测 CRC 进行比较可以合理地评估混合物毒性相互作用。5.3.1 节中证明了组合指数方法中当 CI_x 等于 1 时与浓度加和模型是一致的，因此，可以从实验 CRC 与 CA 预测 CRC 比较中得到组合指数评估混合物毒性相互作用的算法。其构成原理可用图 5.5 说明。

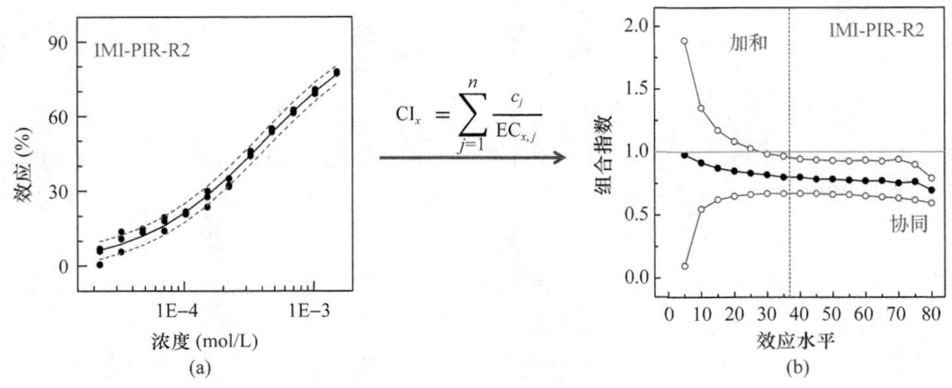

图 5.5　从包括 OCI 的拟合 CRC（a）到包括置信区间的组合指数（b）

算法过程如下：

1）指定多个效应，如 $x = 0.1$，0.2，0.3，…，0.9；

2）利用混合物射线不同浓度水平下的拟合效应为节点，插值计算各个指定效应 x 下的浓度 $c_{x,\mathrm{mix}}$。同理，以不同浓度水平下的置信区间上下限效应为节点，插值计算指定效应 x 下的相应置信上限 CIU 和置信下限 CIL 的浓度 $c_{x,\mathrm{CIU}}$ 与 $c_{x,\mathrm{CIL}}$；

3）从各个混合物组分的拟合 CRC 的反函数计算指定多个效应 x 下的相应组分的各个效应浓度 $EC_{x,j}$（$x = 0.1$，0.2，0.3，…，0.9；$j = 1$，2，…，n）；

4）通过各组分的浓度分数 p_j 计算 c_j：

$$c_j = p_j \cdot c_{x,\mathrm{mix}} \text{（对于拟合曲线）}$$

$$c_j = p_j \cdot c_{x,\mathrm{CIU}} \text{（对于置信上限）}$$

$$c_j = p_j \cdot c_{x,\mathrm{CIL}} \text{（对于置信下限）}$$

5）根据式（5.5）计算各指定效应下的组合指数及置信区间。

以表 5.1 中示例的三元混合物射线为例，计算组合指数（CI_x）及其置信区间，结果列入表 5.3 中。不同效应下的组合指数图及各组分剂量减少指数图如图 5.6 所示。从图 5.6（a）可知，该混合物射线在所有效应下的毒性相互作用均为拮抗，因为 CI 及置信区间上下限均大于 1。从 x-DRI 图谱［图 5.6（b）］可知，第 2 个组分 IMI 的 DRI 变化最大，说明 IMI 在该混合物中产生相同效应时剂量降低的倍数最多，对混合物相互作用的贡献应该最大。

表 5.3　某[hmim]Cl-IMI-POL 射线指定效应下的组合指数及剂量减少指数（DRI）数据

编号	指定效应（5）	组合指数 CI	CI 置信上限	CI 置信下限	DRI_1（[hmim]Cl）	DRI_2（IMI）	DRI_3（POL）
1	5	2.738	4.201	1.413	0.915	1.032	1.479
2	10	2.139	2.848	1.355	1.066	2.011	1.421
3	15	1.934	2.356	1.435	1.154	2.967	1.369
4	20	1.803	2.141	1.465	1.236	3.984	1.347
5	25	1.731	1.981	1.446	1.295	5.005	1.318
6	30	1.668	1.887	1.447	1.357	6.113	1.303
7	35	1.625	1.821	1.428	1.409	7.262	1.286
8	40	1.593	1.768	1.416	1.455	8.472	1.269
9	45	1.566	1.726	1.406	1.501	9.773	1.254
10	50	1.542	1.691	1.395	1.545	11.184	1.241
11	55	1.520	1.655	1.383	1.590	12.736	1.230
12	60	1.496	1.658	1.371	1.641	14.495	1.223
13	65	1.492	1.646	1.344	1.672	16.277	1.201
14	70	1.483	1.627	1.342	1.711	18.370	1.185
15	75	1.466	1.601	1.334	1.763	20.930	1.175
16	80	1.439	1.650	1.316	1.332	24.203	1.174
17	85	1.449	1.688	1.258	1.363	27.667	1.142
18	90	1.453	1.672	1.240	1.911	32.598	1.112

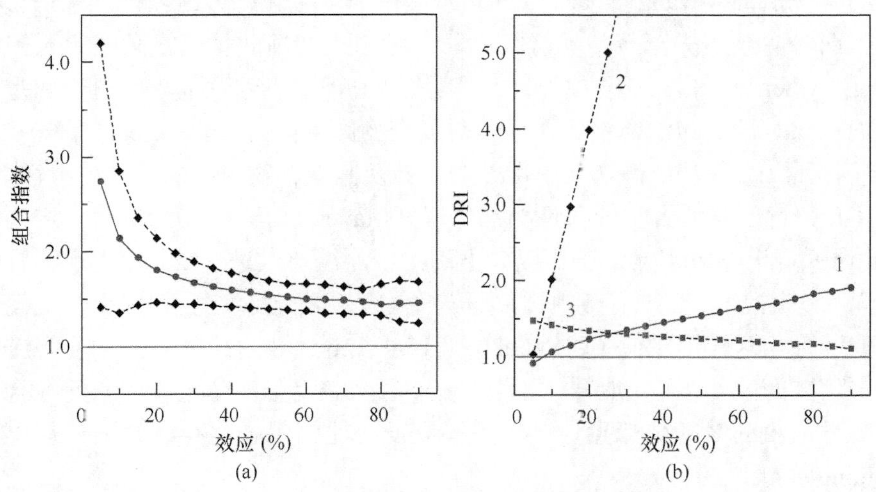

图 5.6　某[hmim]Cl-IMI-POL 射线组合指数（a）及剂量减少指数 DRI（b）随效应的变化曲线

5.3.3 组合指数在环境科学中的应用

近年来，组合指数已引起环境科学工作者的关注，CI_x 已成功地应用于多种环境污染混合物的毒性相互作用评估。混合物组分涉及抗生素、重金属、农药、离子液体等，受试生物涵盖了水生生物和陆生生物（Rodea-Palomares et al.，2010，2012；Gonzalez-Pleiter et al.，2013；Yang et al.，2015；Trombini et al.，2016；Feng et al.，2017）。例如，Rodea-Palomares 等利用组合指数 CI_x 评价了 3 种纤维酸类药物对费氏弧菌和自发光细菌重组株鱼腥藻的毒性，发现混合物对费氏弧菌在低浓度下产生拮抗而在高浓度下产生协同，对鱼腥藻则相反，即低浓度协同高浓度拮抗（Rodea-Palomares et al.，2010）。Rosal 等利用 CI_x 评价三氯生和 2,4,6-三氯酚对月牙藻的联合毒性时，发现有拮抗作用（Rosal et al.，2010）。Boltes 等在应用 CI_x 研究全氟辛烷磺酸、三氯生、2,4,6-三氯酚、二甲苯氧庚酸、苯扎贝特（降血脂药）对绿藻的联合毒性时，发现大多数的二元混合物产生拮抗，全氟辛烷磺酸、三氯生和 2,4,6-三氯酚的三元混合物则产生明显的协同（Boltes et al.，2012）。Gonzalez-Pleiter 等利用 CI_x 和 CA 及 IA 模型评估了五种抗生素组成的混合物对鱼腥藻和绿藻的联合毒性（Gonzalez-Pleiter et al.，2013）。Gonzalez-Naranjo 利用 CI_x 评价了布洛芬和全氟辛酸的二元混合物对绿藻和高粱的联合毒性，发现低效应水平下对高粱有协同作用，而在高效应水平下对绿藻有协同作用（Gonzalez-Naranjo and Boltes，2014）。Wang 等运用 CI_x 法评估了 2 种杀虫剂高效氯氟氰菊酯和吡虫啉与重金属镉对蚯蚓的毒性效应，发现在人工滤土试验中，高效氯氟氰菊酯和镉在低效应时有轻微协同，在高效应时转为轻微拮抗，含有吡虫啉的二元及三元混合物呈现拮抗（Wang et al.，2015b）。Chen 等也用 CI_x 及传统 CA 与 IA 模型评估了两种除草剂去草胺与阿特拉津和一种杀虫剂高效氯氟氰菊酯对蚯蚓的联合毒性（Chen et al.，2014）。Wang 等运用 CI_x 评价了除草剂、杀虫剂和重金属三元混合物对蚯蚓的混合物毒性，表明混合物产生协同（Wang et al.，2015a）。Ma 等研究了 12 种在中国饮食中常见的农药及其混合物对肝癌细胞的毒性效应，并用 CI_x 评价了其混合物的毒性相互作用（Ma et al.，2016）。然而，这些应用 CI_x 的研究均未考虑实验误差和拟合不确定度，需要改进。Liu 等将观测置信区间引入 CI_x 指数，并合理有效地评估了多个农药–农药及农药–抗生素二元混合物体系的毒性相互作用规律（Liu et al.，2015a；Liu et al.，2015b）。Feng 等应用这个含置信区间的 CI_x 有效地评估了取代酚、农药和离子液体组成的六元混合物对秀丽隐杆线虫的时间依赖毒性，发现不同混合比的混合物存在时间依赖协同作用（Feng et al.，2017）。

5.4　等效线图

5.4.1　二元混合物的等效线图

基于实验 CRC 与加和模型预测 CRC 相互比较方法可以在各个效应范围内定性地考察某混合物射线各个不同浓度水平下的毒性相互作用，通过拟合归零处理可进一步定量地表征不同浓度水平下毒性相互作用的程度。对于二元混合物，可在某指定效应下全面考察不同混合比即混合物体系中不同射线在该效应下的毒性相互作用信息，这就是等效线图（isobologram）方法。

等效线图最早由 Fraser 在 1872 年基于 Loewe 加和即浓度加和引入（Fraser，1872）。该方法被广泛接受，是在某等效应下解释二元混合物体系中协同、拮抗与加和相互作用时最实用也最有效的方法之一（Zhou et al.，2016）。等效线图方法是能同时考察二元混合物体系中不同混合比射线在某等效应下毒性相互作用的最经典的图形方法。要得到不同混合比混合物射线在某等效应下的毒性相互作用，必须获得两个混合物组分及各混合物射线在不同浓度下的各个效应，通过曲线拟合方法得到各自的剂量–效应模型，进而得到各个等效应（一般是 50%效应）下的浓度值。等效线图是某等效应下的二维浓度图，以两组分的浓度或相对浓度或毒性单位为坐标，这个二维图中所有点所代表的二元混合物的效应都是相等的，可用示意图（图 5.7）表示。

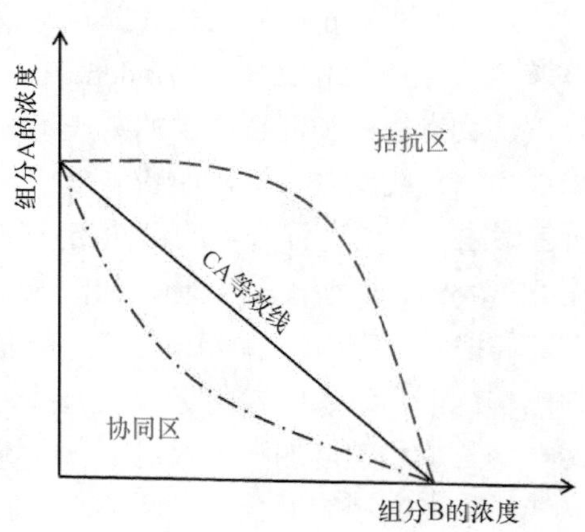

图 5.7　二元混合物的等效线图

等效线图中所有点都是等效（x）的，比如都为 50%。根据二元混合物在 50%效应处的 CA 加和模型可知：

$$\frac{c_{\mathrm{A}}}{\mathrm{EC}_{x,\mathrm{A}}}+\frac{c_{\mathrm{B}}}{\mathrm{EC}_{x,\mathrm{B}}}=1 \tag{5.7}$$

在指定效应为 x 时的等效线图中，两个组分 A 和 B 的指定效应浓度 $\mathrm{EC}_{x,\mathrm{A}}$ 和 $\mathrm{EC}_{x,\mathrm{B}}$ 均是常数，而在效应为 x 的混合物中 A 和 B 的浓度 c_{A} 和 c_{B} 却随混合物的混合比的变化而变化（不同射线有不同的等效应浓度 $EC_{x,\mathrm{mix}}$）。式（5.7）可重写为

$$c_{\mathrm{A}}=\mathrm{EC}_{x,\mathrm{A}}-\frac{\mathrm{EC}_{x,\mathrm{A}}}{\mathrm{EC}_{x,\mathrm{B}}}\cdot c_{\mathrm{B}} \tag{5.8}$$

式（5.8）表示组分 A 的浓度（c_{A}）是随组分 B 的浓度（c_{B}）的变化而线性变化的，即在等效线图中满足 CA 加和模型的所有效应为 x 的不同混合比混合物均在一条直线（CA 等效线）上。

传统等效线图中的加和等效线（isobole）是基于浓度加和模型的，为一条直线。在这条直线下方的所有点所代表的混合物达到等效应 x 时所需要的各组分的浓度比 CA 模型所需的浓度更小，因而所有点（等效点）代表的混合物都是协同的。相反，在 CA 等效线上方的所有等效点代表的混合物中各组分的浓度比 CA 模型所需的浓度更大，因而是拮抗的。在 CA 等效线上所有点所代表的混合物都是加和的。等效线图中所有线（直线或曲线）都称等效线。由上可知，所有向上凸的曲线是拮抗等效线，如图 5.7 中虚线；所有向下凹的曲线是协同等效线，如图 5.7 中的虚点线。

在传统等效线图中，除了协同、拮抗与加和概念之外，还有 2 个概念，即“独立”（independence）与“部分加和”（partial addition）的概念。这里的独立是指相互独立的意思，与加和参考模型中的独立作用（independent action，IA）模型是完全不同的。独立是指混合物毒性只和混合物中的某一组分有关而与另一个组分无关。在等效线图中表现为平行线或垂直线，如图 5.8 所示。部分加和是指独立等效线与 CA 等效线所包围区域中所有混合物的毒性相互作用。IA 等效线却是一条曲线（效应相加模型 ES 等效线也是一条曲线），如图 5.8 所示。

同样，使用不同的加和参考模型（CA、IA 或 ES）可能会得出不同的毒性相互作用结论。在图 5.8 中，加和等效线（CA 等效线是直线，IA 与 ES 等效线是曲线）上所有混合物的毒性均是加和的，加和等效线下方区域的混合物毒性是协同的，加和等效线与独立线所包围区域的混合物毒性是部分加和的，独立等效线上的混合物毒性是独立的，而独立等效线之外的区域是拮抗的。由于独立是一种理想化的状态，部分加和不太好理解，因此在现代文献中已较少使用。

下面给出一个由敌敌畏（dichlorvos，DIC）和 1-丁基-2，3-二甲基咪唑氯离子液体（IL1）构成的二元混合物的等效线图实例。由 3 条加和等效线即 CA、IA

与 ES 等效线与不同混合比射线实验等效点及 95%观测置信区间构成的等效线图见图 5.9，相关数据见表 5.4。

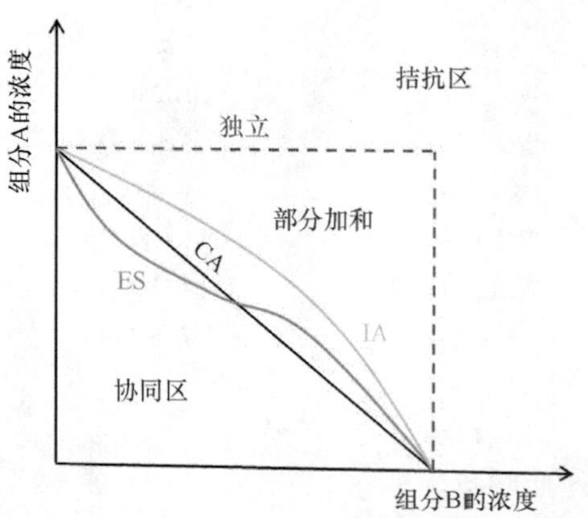

图 5.8　更多信息的二元混合物等效线图

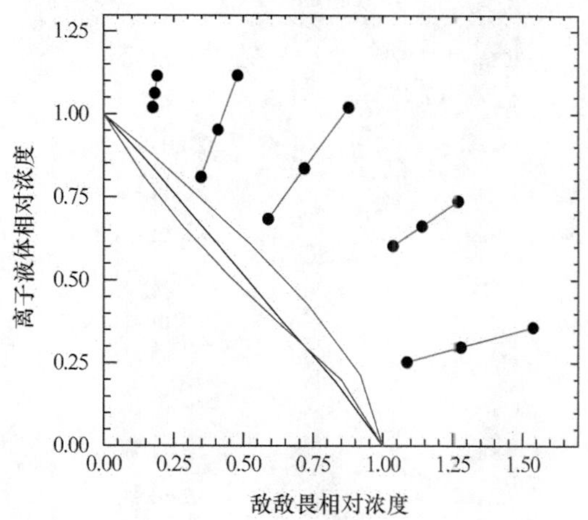

图 5.9　二元 DIC-IL1 混合物等效线图（黑直线为 CA 等效线；上凸曲线为 IA 等效线；下凹曲线为 ES 等效线；黑圆为各射线等效点及 95%观测置信区间）

首先应用微板毒性分析法（MTA）测定 DIC 与 IL1 在 12 个不同浓度水平下对青海弧菌 15 min 的发光抑制毒性，进行曲线拟合获得 CRC 模型，进而求出 DIC 和 IL1 的半数抑制浓度 $EC_{50,DIC}$ = 1.421E–03 mol/L 和 $EC_{50,IL1}$ = 1.307E–02 mol/L。以这两个浓度为基础，应用直接均分射线法设计不同混合比的 5 条射线，同样应用 MTA 法测定各射线在 15 min 时 12 个不同浓度水平下的发光抑制毒性，进行曲线拟合，获得 CRC 模型并求各射线的 EC_{50} 及 95%观测置信区间。根据各射线混合比（p_j）及效应 50%时各混合物射线的总浓度及单个组分 DIC 和 IL1 的 CRC 模

表 5.4　DIC-IL1 二元混合物体系等效线图数据

等效线	混合物（x=50%）	$C_{50,\ \mathrm{DIC}}/EC_{50,\ \mathrm{DIC}}$	$C_{50,\ \mathrm{IL1}}/EC_{50,\ \mathrm{IL1}}$
Ray 1	置信上限	1.915E–1	1.115E+0
	等效点	1.825E–1	1.063E+0
	置信下限	1.752E–1	1.020E+0
Ray 2	置信上限	4.800E–1	1.117E+0
	等效点	4.089E–1	9.517E–1
	置信下限	3.478E–1	8.094E–1
Ray 3	置信上限	8.765E–1	1.020E+0
	等效点	7.180E–1	8.355E–1
	置信下限	5.881E–1	6.844E–1
Ray 4	置信上限	1.269E+0	7.381E–1
	等效点	1.140E+0	6.632E–1
	置信下限	1.036E+0	6.030E–1
Ray 5	置信上限	1.538E+0	3.579E–1
	等效点	1.279E+0	2.976E–1
	置信下限	1.086E+0	2.528E–1
CA 等效线	纯组分 IL1	0	1
	Ray 1	1.481E–1	8.624E–1
	Ray 2	3.042E–1	7.080E–1
	Ray 3	4.692E–1	5.460E–1
	Ray 4	6.418E–1	3.734E–1
	Ray 5	8.310E–1	1.934E–1
	纯组分 DIC	1	0
IA 等效线	纯组分 IL1	0	1
	Ray 1	1.532E–1	8.916E–1
	Ray 2	3.266E–1	7.600E–1
	Ray 3	5.237E–1	6.094E–1
	Ray 4	7.324E–1	4.261E–1
	Ray 5	9.191E–1	2.139E–1
	纯组分 DIC	1	0
ES 等效线	纯组分 IL1	0	1
	Ray 1	1.398E–1	8.138E–1
	Ray 2	2.839E–1	6.608E–1
	Ray 3	4.440E–1	5.167E–1
	Ray 4	6.314E–1	3.674E–1
	Ray 5	8.515E–1	1.982E–1
	纯组分 DIC	1	0

型，计算浓度加和等效线、独立作用等效线与效应相加等效线上各点（5 个点）中 DIC 和 IL1 的浓度。等效线图中各组分浓度坐标以组分相对浓度表示，这里相对浓度等价于毒性单位（TU），即相对浓度为实际浓度与组分 EC_{50} 的比值。不同混合比的 5 条射线等效应浓度点及其 95%观测置信区间，CA、IA 与 ES 等效线中的各个坐标值计算结果全部列入表 5.4。

5.4.2　多效应等效线图与三维等效线图

等效线图方法用于二元混合物体系中各种不同混合比混合物的毒性相互作用分析，一般都是以 EC_{50} 为等效应浓度参考点（窦容妮等，2010；Matsumura and Nakaki，2014）。例如，吴宗凡等应用等效线图法评价了重金属与有机磷农药不同混合比混合物的联合毒性（吴宗凡等，2013）。王成林等应用等效线图分析了 3 种离子液体与甲霜灵两两组合的各种混合物的联合毒性（王成林等，2012）。霍向晨等应用等效线图方法分析了 DMSO 与乐果、敌敌畏及甲霜灵等 3 种农药两两组合的各种二元混合物的毒性相互作用（霍向晨等，2013）。然而，传统等效线图一般是针对 50%等效应的，其结果也只能反映该效应下各不同混合比混合物的毒性相互作用情况，不能外推到其他效应水平下的毒性相互作用。已有研究表明，混合物毒性或混合物毒性相互作用可能具有混合比依赖与浓度水平依赖性（Jonker et al.，2005），因此也应该考虑其他效应水平下的等效线图。多效应等效线图就是指定多个效应（比如 10%、30%、50%、70%和 90%效应）下获得的等效线图。有了单个纯组分的 CRC 模型及不同混合比混合物射线的 CRC 模型，只需按与 50%下等效线图构建的相同方法分别建立不同效应下的等效线图并进行毒性相互作用分析。也有文献将混合物效应作为第三个坐标引进二维等效线图中，制作了多效应等效线图（也称三维等效线图），使之能考察任意效应下不仅仅是 50%效应下的毒性相互作用（Luszczki and Czuczwar，2004；2006）。然而，作者称这个多效应等效线图为三维等效线图是不太合适的，因为这个所谓的三维图不是处处等效的，只有当第三维坐标指定时其二维才是处处等效的。

刘雪等构建的三组分等效线图是处处等效的，可称为三维等效线图（刘雪等，2015）。该三维等效线图适用于不同混合比的各种三元混合物的毒性相互作用评估，比传统二维等效线图更进一步。构建三维等效线图需要构建三个纯组分的 CRC 模型及各种不同混合比的各条混合物射线的 CRC 模型。为了有效合理地获得混合物体系浓度空间中各种不同混合比的代表性混合物，需要采用均匀设计射线法（刘树深等，2012；Liu et al.，2016b）（二维等效线图可采用直接均分射线法）来设计多条不同混合比的混合物射线。作者在他们的三维等效线图中，应用均匀设计射线法设计了 5 条不同混合比的混合物射线，以微板毒性分析法测试各个混合物点的发光抑制效应，进而进行曲线拟合得到 CRC 模型和相应 95%观测置信区间，构建了 3 种除草剂构成的三元混合物体系及 3 种杀虫剂构成的三元混合物体系的三维等效线图（参见图 5.10）。

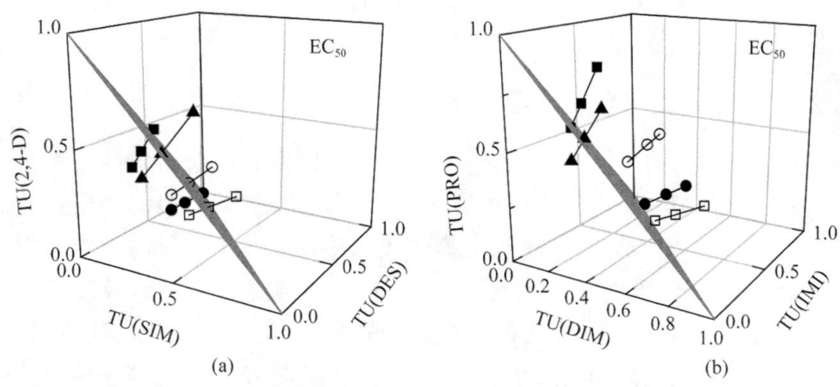

图 5.10　三元除草剂（a）和三元杀虫剂（b）混合物体系在 50%效应下的三维等效线图（刘雪等，2015）

应该指出，在三维等效线图中，原二维等效线图中的 CA 等效线（直线）变成了二维等效面（平面），该 CA 平面的左下方区域为协同相互作用区域，右上方为拮抗相互作用区域。由于图形表达直观性的限制，目前没有关于三元以上混合物体系等效线图的方法。

第 6 章　多效应混合物毒性指数

6.1　引　　言

第5章介绍了多元混合物基于置信区间的CRC定性比较与组合指数定量毒性相互作用的科学合理方法。以整个剂量–效应曲线多个浓度水平或效应水平对混合物射线进行毒性评估，属于多效应方法，值得更多的研究与关注。本章将对混合物毒性评估的其他毒性指数进行合理拓展，使原来只在一个浓度水平（如 EC_{50}）进行评估的方法也成为多效应评估方法。这些混合物毒性指数包括经典联合作用指数比如毒性单位和（STU）及摩尔偏差比（MDR）等、浓度加和指数（concentration additon index，CAI）与效应加和指数（effect addition index，EAI）以及基于浓度的毒性相互作用指数和基于效应的毒性相互作用指数。

6.2　经典联合作用指数

经典联合作用指数法包括：毒性单位（toxic unit，TU）法、加和指数（additivity index，AI）法、混合毒性指数（mixture toxicity index，MTI）法、相似性参数（λ）法、毒性加强指数法、共毒性系数法等（Altenburger et al.，2003；Scholze et al.，2014；de Castro-Catala et al.，2016）。每种方法都有各自的特点和各自的定义。本章主要介绍前面 3 种最常出现的方法，即 TU、AI 和 MTI。这 3 种方法实际上都是基于浓度加和概念的，即以毒性单位法中的 3 个基本定义为基础而建立起来的，这 3 个基本定义为混合物中某组分 i 的毒性单位 TU_i、毒性单位之和 STU 或 M 以及最大毒性单位分数 M_0：

$$\mathrm{TU}_i = \frac{c_i}{\mathrm{EC}_{50,i}}, \quad M = \sum_{i=1}^{n} \mathrm{TU}_i, \quad M_0 = \frac{M}{\mathrm{TU}_{\max}} \tag{6.1}$$

式中，c_i 是效应为 50%的混合物中组分 i 的浓度；$EC_{50,i}$ 是第 i 个组分单独存在时产生效应为 50%时的浓度；TU_{max} 是 n 个组分中的最大毒性单位。这些定义最初是以 50%效应为基础的，事实上也可以在其他效应如 x = 30%或 70%等下进行定义。从式（6.1）可知，要计算混合物中各组分的毒性单位等物理量，就必须知道该混合物中各组分的浓度分数（p_i）与各组分拟合 CRC 函数（求 EC_x 所必需的），也必须知道混合物的拟合 CRC（求效应为 50%时的混合物的效应浓度 $EC_{50,mix} = c_{mix}$，进而求其中各组分的浓度 $c_i = p_i \cdot c_{mix}$）。

另外，从定义可看出，组分浓度（c_i）与效应浓度（$EC_{50,i}$）不可能小于等于 0，TU_i 不可能为负，故 M 总是大于 TU_{max}，M_0 总是大于 1。

以上述 3 个定义为基础，应用 TU 法、AI 法和 MTI 法进行毒性相互作用分析的基本方法分别介绍如下。

6.2.1 毒性单位法

毒性单位（toxic unit，TU）法是其他联合作用指数，比如加和指数（AI）及混合毒性指数（MTI）的基础，是最早应用于识别混合物毒性相互作用的毒性相互作用指数。毒性单位法最初由 Sprague 和 Ramsay 在混合物毒性评估的浓度加和模型基础上于 1965 年提出，已在药物组合效应与污染物混合物毒性研究中得到广泛应用（Koutsaftis and Aoyama，2007；Schmidt et al.，2010；Khan et al.，2012；Bundschuh et al.，2014）。

利用各组分 CRC 计算某指定效应如 $x = 50\%$ 下的各组分的效应浓度 $EC_{x,i}$，利用混合物射线 CRC 计算指定效应 x 下的混合物效应浓度 $EC_{50,mix}$，进而计算各组分浓度 c_i、各组分毒性单位 TU_i、毒性单位和 M 与最大毒性单位分数 M_0。判别指定效应下的毒性相互作用如下：

$M < 1$ → 协同（synergism）

$M = 1$ → 加和作用（additive action）

$M_0 > M > 1$ → 部分加和（partial additive action）

$M = M_0$ → 独立（independence）

$M > M_0$ → 拮抗（antagonism）

可知毒性单位法中有 5 种毒性相互作用类型，即协同、加和作用、拮抗、独立和部分加和等。

6.2.2 加和指数法

加和指数（additivity index，AI）法是在毒性单位法基础上发展起来的另一种毒性相互作用指数（Peace et al.，1997；Koutsaftis and Aoyama，2007；Wang et al.，2011；Cao et al.，2014）。AI 定义为

$$\mathrm{AI} = \begin{cases} 1/M - 1, & M \leqslant 1 \\ 1 - M, & M > 1 \end{cases} \tag{6.2}$$

则有

$\mathrm{AI} > 0 \quad \rightarrow$　协同（synergism）

$\mathrm{AI} = 0 \quad \rightarrow$　加和作用（additive action）

$\mathrm{AI} < 0 \quad \rightarrow$　拮抗（antagonism）

与毒性单位法比较，AI 法中只定义了 3 种毒性相互作用类型，即协同、加和作用及拮抗。事实上协同与加和作用同毒性单位法中一样，而 AI 法中的拮抗将毒性单位法中的拮抗、独立与部分加和 3 种毒性相互作用统一为一种毒性相互作用类型。

6.2.3　混合毒性指数法

混合毒性指数（mixture toxicity index，MTI）法也是在毒性单位法基础上发展起来的（Lu et al.，2007；Li et al.，2013；Mori et al.，2015）。MTI 定义为

$$\mathrm{MTI} = 1 - \frac{\log M}{\log M_0} \tag{6.3}$$

则有

$\mathrm{MTI} > 1 \quad \rightarrow$　协同（synergism）

$\mathrm{MTI} = 1 \quad \rightarrow$　加和作用（additive action）

$1 > \mathrm{MTI} > 0 \quad \rightarrow$　部分加和（partial additive action）

$\mathrm{MTI} = 0 \quad \rightarrow$　独立（independence）

$\mathrm{MTI} < 0 \quad \rightarrow$　拮抗（antagonism）

可知，MTI 与 TU 法一样定义了 5 种毒性相互作用。

应该注意，不管 TU、AI 或是 MTI 均定义在毒性单位基础上，或者说均是以浓度加和为基础的，得出的协同与加和毒性相互作用结论是一致的。TU 与 MTI 中部分加和、独立与拮抗在 AI 中统一归属为拮抗，与第 5 章中 CRC 比较获得的结论理论上是没有区别的。

【例 6.1】 以三元混合物体系即[hmim]Br-IMI-POL 体系中一条混合物射线（R3）为例，说明经典联合作用指数用于分析该射线多个效应水平下的毒性相互作用的过程。已知该三元混合物射线 R3 中各组分浓度分数分别为 $p_{\text{[hmim]Br}} = 0.962662$、$p_{\text{IMI}} = 0.035023$ 和 $p_{\text{POL}} = 0.002315$；该混合物射线 R3 及各组分的 CRC 数据均可用 Weibull 函数有效描述，其模型回归系数（α和β）及拟合

统计量（确定系数 R^2 与均方根误差 RMSE）见表 6.1，12 个实验浓度–效应数据、拟合效应等如表 6.2 所示。以这些数据为基础，计算该混合物射线在多个效应（$x = 5\%$，10%，15%，…，90%）下的毒性单位和 M、最大毒性单位分数（M_0）、加和指数（AI）及混合物毒性指数（MTI）分别为多少？

表 6.1　各组分及混合物射线的 CRC 拟合参数与统计量结果

组分或混合物射线	拟合函数	α	β	R^2	RMSE	EC_{50}
[hmim]Br	Weibull	11.42	4.33	0.9887	0.0455	1.896 E–3
IMI	Weibull	6.12	1.94	0.9903	0.0206	4.534E–4
POL	Weibull	53.0	9.76	0.9912	0.0493	3.405E–6
[hmim]Br-IMI-POL-R3	Weibull	22.0	7.43	0.9979	0.0171	9.767E–4

表 6.2　[hmim]Br-IMI-POL-R3 射线实验毒性与指定效应下的混合物浓度

编号	浓度（mol/L）	效应 1（%）	效应 1（%）	效应 1（%）	拟合效应（%）	编号	指定效应（%）	拟合浓度（mol/L）
1	1.744E–4	0.07	–0.30	–3.47	0.2700	1	5	4.322E–4
2	1.875E–4	1.73	–1.22	0.40	0.3400	2	10	5.391E–4
3	2.625E–4	3.14	2.80	3.30	0.9900	3	15	6.204E–4
4	3.375E–4	7.14	1.43	2.23	2.2200	4	20	6.823E–4
5	4.125E–4	6.89	4.81	6.92	4.2100	5	25	7.391E–4
6	5.063E–4	3.26	1.26	8.41	7.9800	6	30	7.943E–4
7	6.376E–4	18.60	15.72	9.03	16.0600	7	35	8.399E–4
8	7.876E–4	28.27	33.05	33.02	29.2700	8	40	8.855E–4
9	9.751E–4	44.17	54.11	49.10	49.8300	9	45	9.311E–4
10	1.219E–3	72.45	80.30	75.37	75.7600	*10*	*50*	*9.767E–4*
11	1.519E–3	93.85	93.76	92.87	94.4000	11	55	1.024E–3
12	1.875E–3	99.71	99.67	98.47	99.6600	12	60	1.071E–3
						13	65	1.118E–3
						14	70	1.165E–3
						15	75	1.212E–3
						16	80	1.287E–3
						17	85	1.368E–3
						18	90	1.448E–3

【解】（1）计算毒性单位和 M 与最大毒性单位分数 M_0

以 50%效应为例，说明 TU 法中各物理量的计算过程如下所述。

已知混合物射线 R3 在效应为 50%时的混合物浓度 $c_{50,\text{mix}} = 9.767\text{E} - 4$（参见

表 6.1 或表 6.2），应用浓度分数 p_i 可计算各组分在该混合物中的浓度分别为

$$c_{[\mathrm{hmin}]\mathrm{Br}} = 0.962662 \times 9.767\mathrm{E}-4 = 9.4023\mathrm{E}-4\ ;$$

$$c_{\mathrm{IMI}} = 0.035023 \times 9.767\mathrm{E}-4 = 3.4207\mathrm{E}-5\ ;$$

$$c_{\mathrm{POL}} = 0.002315 \times 9.767\mathrm{E}-4 = 2.2611\mathrm{E}-6\ 。$$

则各组分在 50%效应下的毒性单位分别为

$$\mathrm{TU}_{50,[\mathrm{hmim}]\mathrm{Br}} = \frac{c_{[\mathrm{hmim}]\mathrm{Br}}}{\mathrm{EC}_{50,[\mathrm{hmim}]\mathrm{Br}}} = \frac{9.4023\mathrm{E}-4}{1.896\mathrm{E}-3} = 0.4959\ ;$$

$$\mathrm{TU}_{50,\mathrm{IMI}} = \frac{c_{\mathrm{IMI}}}{\mathrm{EC}_{50,\mathrm{IMI}}} = \frac{3.4207\mathrm{E}-5}{4.534\mathrm{E}-4} = 0.07544\ ;$$

$$\mathrm{TU}_{50,\mathrm{POL}} = \frac{c_{\mathrm{POL}}}{\mathrm{EC}_{50,\mathrm{POL}}} = \frac{2.2611\mathrm{E}-6}{3.405\mathrm{E}-6} = 0.6641\ 。$$

由此，可计算毒性单位和 M 及最大毒性单位分数 M_0：

$$M = \sum_{i=1}^{n} \mathrm{TU}_i = 0.4959 + 0.07544 + 0.6641 = 1.2354\ ;$$

$$M_0 = \frac{M}{\mathrm{TU}_{\max}} = \frac{1.2354}{0.6641} = 1.8603\ 。$$

显然，有 $M_0 > M > 1$，根据毒性单位法可知，该射线在 50%效应水平时的毒性相互作用为部分加和。

同理，可计算其他效应水平（如 x = 5%，10%，15%，…）下该射线中 3 个组分的毒性单位，即 $\mathrm{TU}_{x,[\mathrm{hmim}]\mathrm{Br}}$、$\mathrm{TU}_{x,[\mathrm{hmim}]\mathrm{Br}}$、$\mathrm{TU}_{x,[\mathrm{hmim}]\mathrm{Br}}$；进而计算毒性单位和 M 与最大毒性单位分数 M_0。所有效应下的计算结果全部列入表 6.3。根据毒性单位法判别原则，分析 19 个效应下混合物毒性相互作用大小，结果也列入表 6.3 中。

为了更好地观察 TU_i、M 与 M_0 随效应的变化规律，可做 TU_i、M 及 M_0 随效应的变化图（图 6.1）。

由表 6.3 可知，该混合物射线 R3 在所有 18 个指定效应下，均有 $M_0 > M > 1$，说明该射线在所有效应下的毒性相互作用均为部分加和，换句话说，该射线的毒性相互作用没有浓度水平依赖。从图 6.1 可清楚地看出，在所有指定效应下，虽然 3 个组分毒性单位大小的变化并不均是一致的，但该三元混合物射线在各个效应处均有 $M_0 > M > 1$，均是部分加和作用。

（2）计算加和指数（AI）与混合物毒性指数（MTI）

根据加和指数（AI）[式（6.2）] 与混合物毒性指数（MTI）[式（6.3）] 的定义，应用各个效应下混合物的毒性单位和 M 及最大毒性单位分数 M_0 的数据（参

见表 6.3），可计算各个效应下的 AI 和 MTI，结果见表 6.4。仍以 50%效应为例，说明计算 AI 与 MTI 的过程。

表 6.3 [hmim]Br-IMI-POL-R3 射线各指定效应下 TU_i、M 与 M_0 值及 TU 法判别相互作用

编号	指定效应（%）	$TU_{[hmim]Br}$	TU_{IMI}	TU_{POL}	M	M_0	相互作用（TU 法）
1	5	0.8761	0.7340	0.5431	2.1531	2.4577	部分加和
2	10	0.7452	0.3896	0.5716	1.7065	2.2898	部分加和
3	15	0.6811	0.2680	0.5939	1.5430	2.2656	部分加和
4	20	0.6328	0.2023	0.6061	1.4413	2.2775	部分加和
5	25	0.5989	0.1621	0.6184	1.3794	2.2307	部分加和
6	30	0.5741	0.1350	0.6317	1.3408	2.1226	部分加和
7	35	0.5491	0.1141	0.6388	1.3020	2.0381	部分加和
8	40	0.5287	0.0983	0.6470	1.2740	1.9691	部分加和
9	45	0.5113	0.0857	0.6555	1.2526	1.9108	部分加和
10	50	0.4959	0.0754	0.6641	1.2353	1.8603	部分加和
11	55	0.4821	0.0669	0.6733	1.2223	1.8154	部分加和
12	60	0.4687	0.0594	0.6818	1.2098	1.7746	部分加和
13	65	0.4551	0.0528	0.6892	1.1971	1.7369	部分加和
14	70	0.4409	0.0467	0.6953	1.1830	1.7013	部分加和
15	75	0.4256	0.0411	0.6997	1.1664	1.6670	部分加和
16	80	0.4174	0.0366	0.7173	1.1713	1.6329	部分加和
17	85	0.4065	0.0320	0.7334	1.1720	1.5979	部分加和
18	90	0.3882	0.0269	0.7416	1.1567	1.5597	部分加和

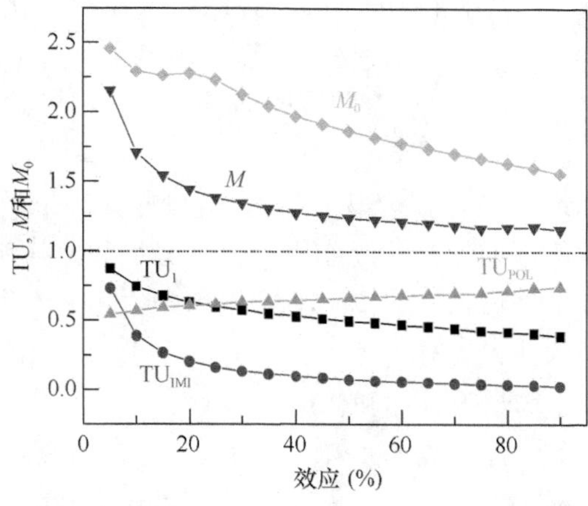

图 6.1 各组分毒性单位 TU_i 和混合物 M 及 M_0 随效应的变化

表 6.4　[hmim]Br-IMI-POL-R3 射线各指定效应下 M、M_0、AI 与 MTI 值及毒性相互作用

编号	指定效应（%）	M	M_0	相互作用（TU 法）	AI	相互作用（AI 法）	MTI	相互作用（MTI 法）
1	5	2.1531	2.4577	部分加和	–1.1531	拮抗	0.1471	部分加和
2	10	1.7065	2.2898	部分加和	–0.7065	拮抗	0.3549	部分加和
3	15	1.5430	2.2656	部分加和	–0.5430	拮抗	0.4696	部分加和
4	20	1.4413	2.2775	部分加和	–0.4413	拮抗	0.5559	部分加和
5	25	1.3794	2.2307	部分加和	–0.3794	拮抗	0.5991	部分加和
6	30	1.3408	2.1226	部分加和	–0.3408	拮抗	0.6104	部分加和
7	35	1.3020	2.0381	部分加和	–0.3020	拮抗	0.6293	部分加和
8	40	1.2740	1.9691	部分加和	–0.2740	拮抗	0.6426	部分加和
9	45	1.2526	1.9108	部分加和	–0.2526	拮抗	0.6522	部分加和
10	50	1.2354	1.8603	部分加和	–0.2353	拮抗	0.6594	部分加和
11	55	1.2223	1.8154	部分加和	–0.2223	拮抗	0.6633	部分加和
12	60	1.2098	1.7746	部分加和	–0.2098	拮抗	0.6679	部分加和
13	65	1.1971	1.7369	部分加和	–0.1971	拮抗	0.6742	部分加和
14	70	1.1830	1.7013	部分加和	–0.1830	拮抗	0.6838	部分加和
15	75	1.1664	1.6670	部分加和	–0.1664	拮抗	0.6988	部分加和
16	80	1.1713	1.6329	部分加和	–0.1713	拮抗	0.6776	部分加和
17	85	1.1720	1.5979	部分加和	–0.1720	拮抗	0.6615	部分加和
18	90	1.1567	1.5597	部分加和	–0.1567	拮抗	0.6724	部分加和

对于 AI：

因为 $M_{50}=1.2354>1$，故 $\text{AI}=1-M=-0.2354$，$\text{AI}<0$，毒性相互作用为拮抗。

对于 MTI：

$$\text{MTI}=1-\frac{\log M}{\log M_0}=1-\frac{\log(1.2354)}{\log(1.8603)}=0.6594$$

有 $1>\text{MTI}>0$，毒性相互作用为部分加和。

同理，可计算其他指定效应下的 AI 与 MTI 数据，识别毒性相互作用。结果见表 6.4。

由表 6.4 可知，用 AI 法分析时各个效应下的毒性相互作用均为拮抗作用，而用 MTI 法分析时与 TU 法相同，均为部分加和作用。AI 法分析为何与 TU 法和 MTI 法分析得到不同的毒性相互作用结果？仔细分析 AI 的定义可知，AI 法中的拮抗作用与 MTI 及 TU 法中的部分加和结果实际上是不矛盾的，因为 AI 法中没有“独立”与“部分加和”的定义，MTI 及 TU 法中的“部分加和”与“独立”在 AI 法中统一归属于“拮抗”，因此 3 种经典联合毒性指数的判别结果是不矛盾的，是一致的。

图 6.2 绘出了 AI 与 MTI 随不同效应的变化曲线。图中 18 个指定效应下的 MTI 值均大于 0 且小于 1，毒性相互作用属于部分加和，而 AI 值均小于 0，毒性相互作用归为拮抗。

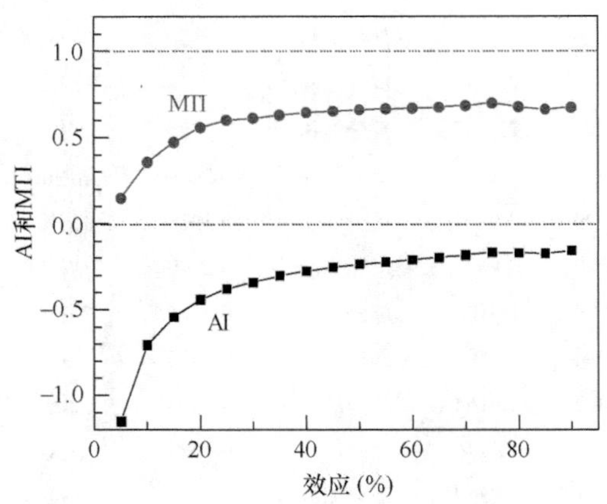

图 6.2 混合物射线的 AI 与 MTI 指数随效应的变化谱

应该指出，在这个例子中，虽然各个效应下均为拮抗或部分加和，但在不同效应水平下的拮抗程度是有所变化的。这里要特别强调的是，不是所有混合物射线在所有浓度或效应水平下均具有完全一致的毒性相互作用，换句话说，有些混合物射线在不同浓度或效应水平下具有不同的毒性相互作用，即毒性相互作用具有浓度水平依赖性。

另外，上述经典联合毒性指数均没考虑获得 CRC 时的毒性实验与曲线拟合的不确定度，即没有考虑置信区间。为了更加合理有效地判别毒性相互作用，应该考虑置信区间。

6.3 CAI 和 EAI 指数

基于混合物浓度加和模型，对 CA 模型进行适当变化以定量描述毒性相互作用，并保证大于零时为协同，小于零时为拮抗，定义了浓度加和指数（concentration addition index，CAI）和效应加和指数（effect addition index，EAI）（Zhang et al., 2012）。

CAI 定义为

$$\mathrm{CAI} = 1 - \sum_{j=1}^{n} \frac{c_i}{\mathrm{EC}_{x,j}} \tag{6.4}$$

则当 CAI = 0 时为加和作用（无相互作用），CAI > 0 时为协同，CAI < 0 时为拮抗。

同理，以效应加和或独立作用模型为基础，将 IA 模型作适当变换，定义了 EAI：

$$\mathrm{EAI}=1-(1-\prod_{j=1}^{n}[1-E(c_j)])/E(c_{\mathrm{mix}}) \tag{6.5}$$

则当 EAI = 0 时为加和作用，EAI > 0 时为协同，EAI < 0 时为拮抗。

【例 6.2】 仍以例 6.1 中的三元混合物体系[hmim]Br-IMI-POL 中 R3 射线为例，计算该射线不同效应下的 CAI 和 EAI 指数，并判别各个效应水平下的毒性相互作用。

【解】（1）浓度加和指数（CAI）判别毒性相互作用

当效应为 50%时，已知混合物射线在 50%处的混合物浓度为 $c_{50,\mathrm{mix}}$ = 9.767E–4 mol/L，该混合物中 3 个组分的浓度分别为 $c_{[\mathrm{hmim}]\mathrm{Br}}$ = 9.4023E–4 mol/L、c_{IMI} = 3.4207E–5 mol/L 和 c_{POL} = 2.2611E–6 mol/L。3 个纯组分单独存在时，当效应 x = 50%时的浓度分别为 $\mathrm{EC}_{50,[\mathrm{hmim}]\mathrm{Br}}$ = 1.896E–3 mol/L、$\mathrm{EC}_{50,\mathrm{IMI}}$ = 4.534E–4 mol/L 和 $\mathrm{EC}_{50,\mathrm{POL}}$ = 3.405E–6 mol/L，将各组分浓度（c_i）及各组分（i）的半数效应浓度（$\mathrm{EC}_{50,i}$）其代入式（6.4），可得

$$\mathrm{CAI}=1-\sum_{j=1}^{n}\frac{c_i}{\mathrm{EC}_{x,j}}=1-\left(\frac{9.4023\mathrm{E}-4}{1.896\mathrm{E}-3}+\frac{3.4207\mathrm{E}-5}{4.534\mathrm{E}-4}+\frac{2.6211\mathrm{E}-6}{3.405\mathrm{E}-6}\right)=-0.2353$$

有 CAI < 0，该混合物毒性相互作用为拮抗。

同理，可计算效应 x = 5%，10%，15%，…，90%时的 CAI，结果列入表 6.5 中。由表可知，在 18 个效应水平下各混合物的毒性相互作用均为拮抗，这与经典联合指数的结果是一致的。事实上 CAI 指数与经典联合毒性指数均是基于 CA 模型的，具有一致毒性相互作用结果也是可预期的。CAI 随效应的变化曲线绘于图 6.3 中，从该图同样可看出，所有效应水平下混合物的毒性相互作用均是拮抗。下面以计算 50%效应时的 CAI 和 EAI 指数结果说明其计算过程。

（2）效应加和指数（EAI）判别毒性相互作用

已知混合物射线 R3 在 50%处的混合物浓度为 $c_{50,\mathrm{mix}}$ = 9.767E−4 mol/L，该混合物中 3 个组分的浓度分别为 $c_{[\mathrm{hmim}]\mathrm{Br}}$ = 9.4023E−4 mol/L、c_{IMI} = 3.4207E−5 mol/L 和 c_{POL} = 2.2611E−6 mol/L，将这些浓度（c_i）分别代入各自组分的 CRC 拟合函数即 Weibull 函数（其中α和β值参见表 6.1），计算各组分（i）对应的效应［$E(c_i)$］。由 Weibull 函数式（2.3a）可知：

$$f(x)=1-\exp(-\exp[\alpha+\beta\cdot\lg(x)])$$

有

$$E(c_{[\mathrm{Hmim}]\mathrm{Br}})=1-\exp(-\exp[11.42+4.33\cdot\lg(9.4023\times10^{-4})])=0.16913$$

$$E(c_{\mathrm{IMI}})=1-\exp(-\exp[6.12+1.94\cdot\lg(3.4207\times10^{-5})])=0.075559$$

$$E(c_{\mathrm{POL}})=1-\exp(-\exp[53.00+9.76\cdot\lg(2.2611\times10^{-6})])=0.11506$$

将各组分的这些效应计算值及混合物效应值［$E(c_{50,\mathrm{mix}})=0.5$］代入式（6.5）可得

$$\begin{aligned}\mathrm{EAI}&=1-(1-\prod_{j=1}^{n}[1-E(c_j)])/E(c_{\mathrm{mix}})\\&=1-[1-(1-0.16913)\times(1-0.075559)\times(1-0.11506)]/0.5=0.3594\end{aligned}$$

有 EAI > 0，毒性相互作用为协同，这与 CAI 指数法得到的拮抗相互作用是不一致的。这是因为 CAI 和 EAI 分别基于 CA 和 IA 参考模型。这也说明，一个具体混合物的毒性相互作用是否为协同或拮抗与所选择的加和参考密切相关，因此，在报告毒性相互作用时应该明确说明定义加和的参考标准是什么才有意义。

同理，可计算其他效应（$x=5\%$，10%，15%，…，90%）下的 EAI 指数值，结果也列入表 6.5。不同效应下 EAI 的变化曲线与 CAI 的变化曲线一起绘于图 6.3。

表 6.5　[hmim]Br-IMI-POL-R3 射线各指定效应下 CAI 和 EAI 值及相互作用结果

编号	指定效应（%）	CAI	相互作用（CAI 法）	EAI	相互作用（EAI 法）
1	5	−1.1531	拮抗	−0.6000	拮抗
2	10	−0.7065	拮抗	−0.1136	拮抗
3	15	−0.5430	拮抗	0.0692	协同
4	20	−0.4413	拮抗	0.1798	协同
5	25	−0.3794	拮抗	0.2446	协同
6	30	−0.3408	拮抗	0.2822	协同
7	35	−0.3020	拮抗	0.3170	协同
8	40	−0.2740	拮抗	0.3389	协同
9	45	−0.2526	拮抗	0.3522	协同
10	50	−0.2353	拮抗	0.3594	协同
11	55	−0.2223	拮抗	0.3603	拮抗
12	60	−0.2098	拮抗	0.3586	协同
13	65	−0.1971	拮抗	0.3548	协同
14	70	−0.1830	拮抗	0.3497	协同
15	75	−0.1664	拮抗	0.3439	协同
16	80	−0.1713	拮抗	0.3094	协同
17	85	−0.1720	拮抗	0.2725	协同
18	90	−0.1567	拮抗	0.2419	协同

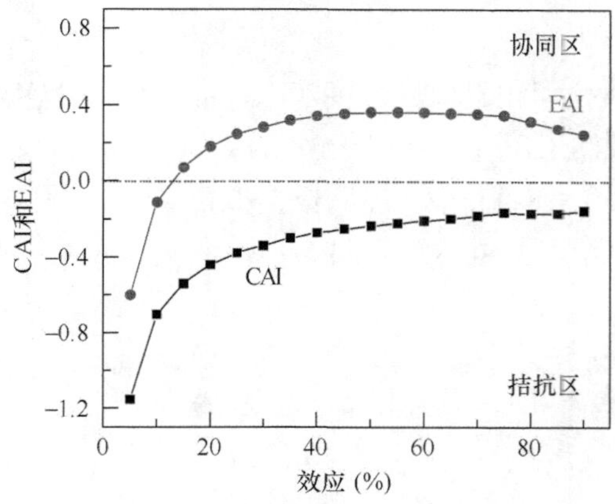

图 6.3　混合物射线的 CAI 与 EAI 指数随效应的变化谱

从图 6.3 可知，CAI 法判别的毒性相互作用与经典指数法如 AI 法的结果是一致的，因为那些经典指数均是基于浓度加和模型或毒性单位法的。然而，基于独立作用模型的 EAI 判别的毒性相互作用却不完全相同，只在开始 2 个低浓度效应时是拮抗，但从第 3 个效应开始均是协同，且从第 7 个效应开始的多个效应其协同程度变化不大，只是在最后 2 个效应点协同强度有所下降。而 CAI 则是处处拮抗的。

所以，即使是同一条混合物射线，不仅混合物毒性效应大小可能随浓度水平的变化而变化，其毒性相互作用也可能不同。另外，不同混合比的不同射线其毒性效应或毒性相互作用也可能是不同的。

6.4　基于浓度的毒性相互作用指数

本节和 6.5 节将讨论从混合物剂量–效应曲线出发的其他多效应指数方法。这些毒性相互作用指数包括基于浓度的模型偏差比（model deviation ratio，MDR）与相对模型偏差比（relative model deviation ratio，rMDR）以及基于效应的效应残差比（effect residual ratio，ERR）、偏离参考模型的相对残差（relative residual from the reference model，RRM）和偏离参考模型的绝对残差 dCA（deviation from CA model）或 dIA（deviation from IA model）等混合物毒性相互作用指数。

模型偏差比（model deviation ratio，MDR）定义为某指定效应下参考模型 CA 或 IA 或 ES 预测的效应浓度（$EC_{x,PRD}$）与拟合实验浓度（$EC_{x,OBS}$）的摩尔比值：

$$MDR = \frac{EC_{x,PRD}}{EC_{x,OBS}} \tag{6.6}$$

在指定效应下，MDR = 1 时为加和作用，MDR > 1 时为协同，MDR < 1 时为

拮抗。

式（6.6）中参考模型预测效应浓度（$EC_{x,PRD}$）与拟合实验浓度（$EC_{x,OBS}$）的求解需要参考模型预测 CRC（由单个组分的 CRC 信息和混合物总浓度及混合比信息求出）和实验拟合 CRC 信息，然后根据拟合 CRC 和预测 CRC 的数据节点进行插值才可求出。这个过程可示意如图 6.4 所示。

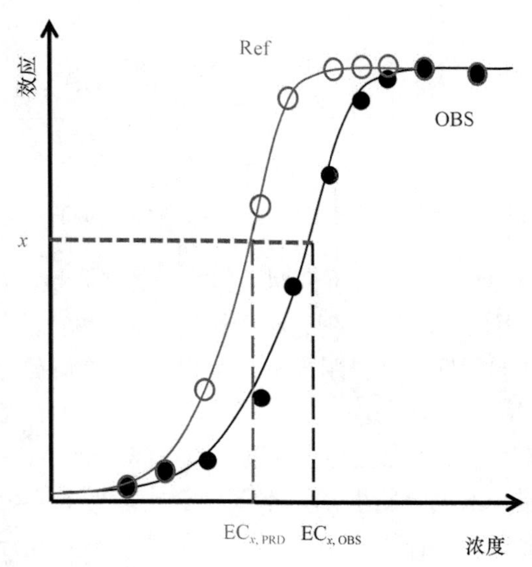

图 6.4　指定效应 x 下实验拟合浓度与参考模型预测浓度相关图

相对模型偏差比（relative model deviation ratio，rMDR）在 MDR 基础上修订而成，定义为某指定效应下某参考模型比如 CA 和 IA 模型预测效应浓度与观测效应浓度的相对偏差：

$$rMDR = \frac{EC_{x,PRD} - EC_{x,OBS}}{EC_{x,OBS}} = MDR - 1 \tag{6.7}$$

此时，rMDR = 0 时为加和作用，rMDR > 0 时为协同，rMDR < 0 时为拮抗。实际上，相对模型偏差比，是将模型偏差比随效应变化曲线向下整体平移一个单位所得（参见图 6.5）。

[hmim]Br-IMI-POL-R3 射线上各混合物的 MDR 和 rMDR 值随效应的变化图如图 6.5 所示，18 个指定效应下的 MDR 与 rMDR 数据见表 6.6。从图 6.5 同样可以看到，应用不同的加和参考模型识别的混合物毒性相互作用结果可能是不一致的。所以到目前为止，不论是 CA 或是 IA 都是一个工作模型，只是一个定义加和的参考，在关联作用机理或作用模式时务必谨慎，因为真正的作用机理只能有一个。

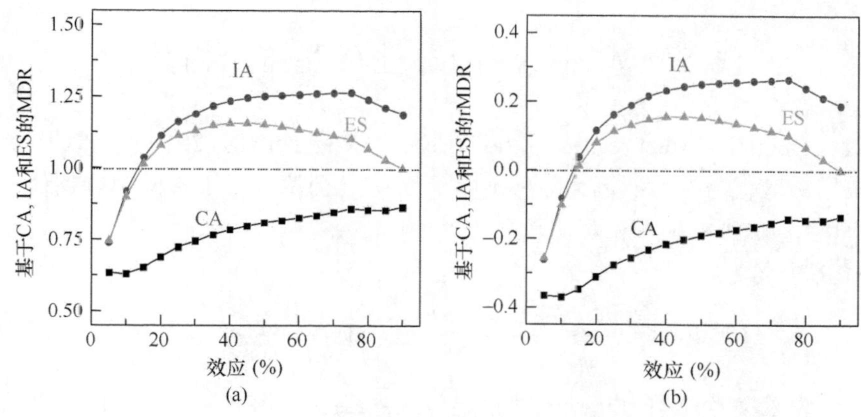

图 6.5　MDR（a）与 rMDR（b）随效应变化图

表 6.6　[hmim]Br-IMI-POL-R3 射线各指定效应下 MDR 和 rMDR 值

编号	指定效应（%）	MDR/CA	MDR/IA	MDR/ES	rMDR/CA	rMDR/IA	rMDR/ES
1	5	0.6338	0.7397	0.7444	–0 3662	–0.2603	–0.2556
2	10	0.6294	0.9181	0.8990	–0 3706	–0.0819	–0.1010
3	15	0.6522	1.0383	1.0132	–0 3478	0.0383	0.0132
4	20	0.6888	1.1148	1.0801	–0 3112	0.1148	0.0801
5	25	0.7243	1.1616	1.1139	–0.2757	0.1616	0.1139
6	30	0.7442	1.1883	1.1309	–0.2558	0.1883	0.1309
7	35	0.7671	1.2161	1.1476	–0.2329	0.2161	0.1476
8	40	0.7845	1.2326	1.1560	–0.2155	0.2326	0.1560
9	45	0.7983	1.2440	1.1562	–0.2017	0.2440	0.1562
10	50	0.8096	1.2509	1.1527	–0.1904	0.2509	0.1527
11	55	0.8182	1.2536	1.1445	–0.1818	0.2536	0.1445
12	60	0.8266	1.2565	1.1350	–0.1734	0.2565	0.1350
13	65	0.8355	1.2593	1.1237	–0.1645	0.2593	0.1237
14	70	0.8458	1.2620	1.1129	–0.1542	0.2620	0.1129
15	75	0.8584	1.2644	1.1015	–0.1416	0.2644	0.1015
16	80	0.8551	1.2392	1.0669	–0.1449	0.2392	0.0669
17	85	0.8538	1.2113	1.0303	–0.1462	0.2113	0.0303
18	90	0.8644	1.1874	0.9984	–0.1356	0.1874	–0.0016

从图 6.5 可知，如果以 CA 为加和参考，在所有效应水平下，MDR < 1 或 rMDR < 0，即该射线所有不同效应混合物均是拮抗的。如果以 ES 或 IA 为加和参考时，射线 R3 在效应 $x = 5\%$和 10%时，MDR < 1 或 rMDR < 0，为拮抗；在效应 $x = 15\%$时，MDR 接近于 1 或 rMDR 接近于 0，是加和作用；在效应 $x > 15\%$时，MDR > 1 或 rMDR > 0，是协同。

6.5 基于效应的毒性相互作用指数

效应残差比（effect residual ratio，ERR）（Wang et al.，2010）类似于 rMDR，只是采用效应代替浓度。因为效应通常为 0～1，而浓度对于不同混合物体系是变化的，因而 ERR 更利于相互比较。

ERR 定义为

$$\mathrm{ERR}=\frac{E_{\mathrm{PRD}}-E_{\mathrm{OBS}}}{E_{\mathrm{OBS}}}=\frac{E_{\mathrm{PRD}}}{E_{\mathrm{OBS}}}-1=\frac{x}{E_{\mathrm{OBS}}}-1 \tag{6.8}$$

式中，x 为以参考模型为基础的某指定效应；E_{OBS} 为该效应下对应的预测浓度下的观测效应。x 和 E_{OBS} 的相互关系如图 6.6 所示。

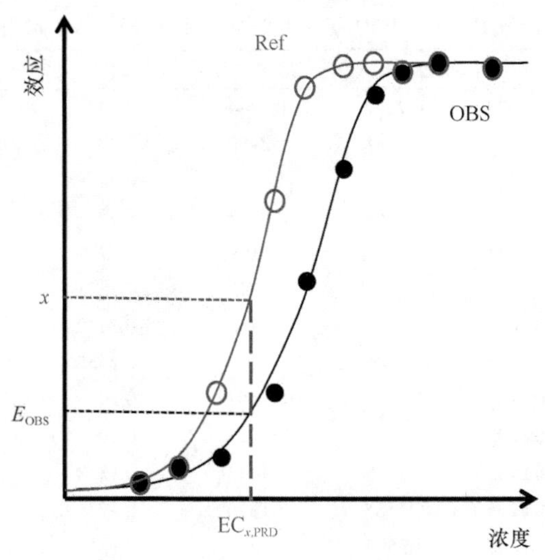

图 6.6 指定预测浓度下实验拟合效应与参考模型预测效应相关图

当 ERR = 0 时为加和作用，ERR < 0 为协同，ERR > 0 时为拮抗。

为了符合一般习惯即大的协同小的拮抗，同时考察毒性相互作用是定义在加和参考模型基础上的，故以参考模型预测值为标准值更加合理。以参考模型为基础修改 ERR 后，命名为偏离参考模型的相对残差（relative residual from the reference model，RRM），有

$$\mathrm{RRM}=\frac{E_{\mathrm{OBS}}-E_{\mathrm{PRD}}}{E_{\mathrm{PRD}}}=\frac{E_{\mathrm{OBS}}}{E_{\mathrm{PRD}}}-1=\frac{E_{\mathrm{OBS}}}{x}-1 \tag{6.9}$$

此时，RRM = 0 时为加和作用，RRM > 0 时为协同，RRM < 0 时为拮抗。

[hmim]Br-IMI-POL-R3 射线 ERR 和 RRM 值随效应的变化图如图 6.7 所示，18 个指定效应下的 ERR 与 RRM 指数值见表 6.7。

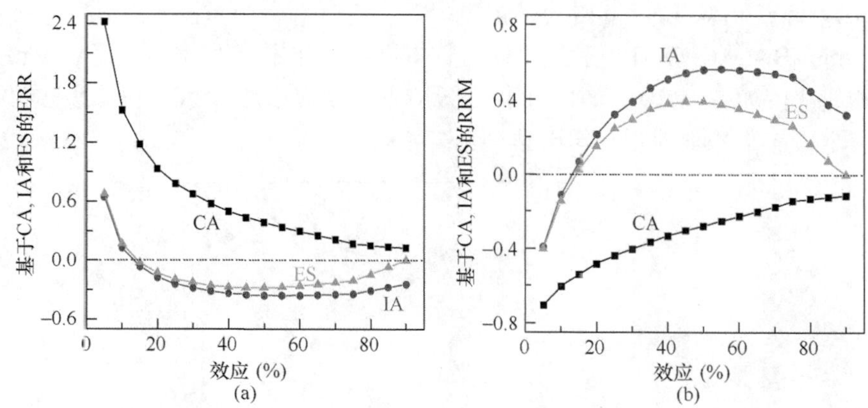

图 6.7　ERR（a）与 RRM（b）随效应变化图

表 6.7　[hmim]Br-IMI-POL-R3 射线各指定效应下 ERR 和 RRM 值

编号	指定效应（%）	ERR/CA	ERR/IA	ERR/ES	RRM/CA	RRM/IA	RRM/ES
1	5	2.4220	0.6420	0.6780	−0.7078	−0.3910	−0.4041
2	10	1.5290	0.1260	0.1670	−0.6046	−0.1119	−0.1431
3	15	1.1767	−0.0627	−0.0247	−0.5406	0.0669	0.0253
4	20	0.9365	−0.1745	−0.1290	−0.4836	0.2114	0.1481
5	25	0.7824	−0.2412	−0.1960	−0.4390	0.3179	0.2438
6	30	0.6793	−0.2797	−0.2250	−0.4045	0.3882	0.2903
7	35	0.5777	−0.3154	−0.2571	−0.3662	0.4608	0.3462
8	40	0.5005	−0.3375	−0.2735	−0.3336	0.5094	0.3765
9	45	0.4378	−0.3513	−0.2796	−0.3045	0.5416	0.3880
10	50	0.3840	−0.3584	−0.2798	−0.2775	0.5586	0.3885
11	55	0.3378	−0.3605	−0.2722	−0.2525	0.5638	0.3740
12	60	0.2942	−0.3583	−0.2593	−0.2273	0.5584	0.3501
13	65	0.2522	−0.3546	−0.2437	−0.2014	0.5495	0.3222
14	70	0.2117	−0.3499	−0.2256	−0.1747	0.5381	0.2913
15	75	0.1685	−0.3439	−0.2059	−0.1442	0.5241	0.2592
16	80	0.1513	−0.3091	−0.1404	−0.1314	0.4474	0.1633
17	85	0.1395	−0.2729	−0.0672	−0.1224	0.3754	0.0720
18	90	0.1291	−0.2420	0.0034	−0.1143	0.3193	−0.0034

偏离 CA、IA 和 ES 参考模型的绝对残差（deviation from the CA，IA and ES model），即 dCA、dIA 和 dES 的定义如下：

$$\mathrm{dCA} = E_{\mathrm{OBS}} - E_{\mathrm{PRD,CA}} = E_{\mathrm{OBS}} - x \tag{6.10}$$

$$\mathrm{dIA} = E_{\mathrm{OBS}} - E_{\mathrm{PRD,IA}} = E_{\mathrm{OBS}} - x \tag{6.11}$$

$$dES = E_{OBS} - E_{PRD,ES} = E_{OBS} - x \tag{6.12}$$

此时，dCA 或 dIA 或 dES = 0 时为加和作用，dCA 或 dIA 或 dES > 0 时为协同，dCA 或 dIA 或 dES < 0 时为拮抗。

[hmim]Br-IMI-POL-R3 射线的混合物毒性相互作用指数 dCA、dIA 和 dES 随效应的变化图如图 6.8 所示，18 个指定效应下的相应指数 dCA 、dIA 与 dES 数据及各指定效应下的毒性相互作用结果见表 6.8。

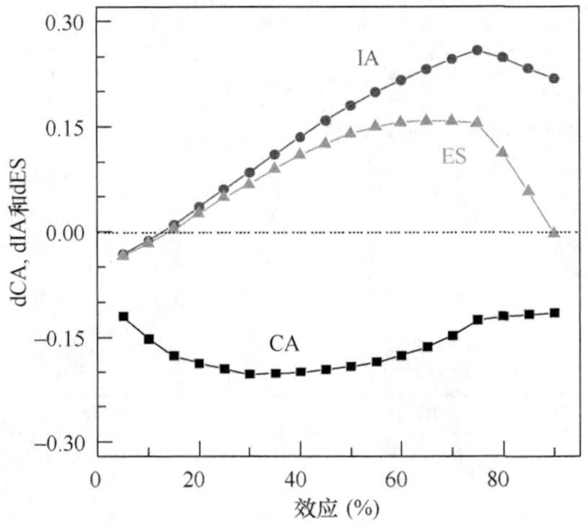

图 6.8　dCA，dIA 与 dES 随效应变化图

表 6.8　[hmim]Br-IMI-POL-R3 射线各指定效应下 dCA，dIA 和 dES 值

编号	指定效应(%)	dCA	相互作用 CA	dIA	相互作用 IA	dES	相互作用 ES
1	5	−0.1211	拮抗	−0.0321	拮抗	−0.0339	拮抗
2	10	−0.1529	拮抗	−0.0126	拮抗	−0.0167	拮抗
3	15	−0.1765	拮抗	0.0094	加和	0.0037	加和
4	20	−0.1873	拮抗	0.0349	加和	0.0258	加和
5	25	−0.1956	拮抗	0.0603	加和	0.0490	加和
6	30	−0.2038	拮抗	0.0839	加和	0.0675	加和
7	35	−0.2022	拮抗	0.1104	协同	0.0900	加和
8	40	−0.2002	拮抗	0.1350	协同	0.1094	协同
9	45	−0.1970	拮抗	0.1581	协同	0.1258	协同
10	50	−0.1920	拮抗	0.1792	协同	0.1399	协同
11	55	−0.1858	拮抗	0.1983	协同	0.1497	协同
12	60	−0.1765	拮抗	0.2150	协同	0.1556	协同
13	65	−0.1639	拮抗	0.2305	协同	0.1584	协同
14	70	−0.1482	拮抗	0.2449	协同	0.1579	协同
15	75	−0.1264	拮抗	0.2579	协同	0.1544	协同
16	80	−0.1210	拮抗	0.2473	协同	0.1123	协同
17	85	−0.1186	拮抗	0.2320	协同	0.0571	协同
18	90	−0.1162	拮抗	0.2178	协同	−0.0031	协同

第 7 章 APTox 程序简介

7.1 引　　言

混合污染物毒性测试与混合物毒性评估及预测方法体系是一个复杂的系统工程。由于混合污染物毒性研究目前还处于初级阶段，用于混合物毒性评估与预测等相关知识产权产品很少。目前进行学术研究并可共享的仅有美国新泽西州立大学 Klein 提出与发展的 BioMol （Klein et al.，2002）以及德国分子生物工程研究所的 Dressler 提出的 CombiTool（Dressler et al.，1999）等少数软件。BioMol 主要应用于 2 组分至多 3 组分的基于药代动力学 PBPK 的模型构建。CombiTool 是一个用于分析经典混合物联合毒性效应的计算软件，但只适用于分析两个活性物质之间的浓度加和与独立作用规律。笔者课题组在国家自然科学基金等多个基金支持下，多年来一直开展化学混合物毒性测试与数据分析研究工作，并将取得的方法学研究成果与部分文献方法集成整合，在微软 Windows 操作系统和 Visual BASIC 语言平台上集成开发设计了可用于多元混合污染物毒性评估与预测的软件，命名为 APTox，即 Assessment and prediction of mixture toxicity 的简称或化学混合物毒性评估与预测软件（刘树深等，2012），并取得多项中国计算机软件著作权登记证书。2006 年 10 月首次取得 APTox 1.0 版权；2008 年 1 月取得混合污染物微板毒性检测实验设计软件即 EDMTM 1.0 版权；2010 年 8 月将 APTox 1.0 与 EDMTM 1.0 有机整合并新增置信区间与 NOEC 计算、5 倍数效应浓度计算、效应相加模型、混合物毒性指数、多效应等效线图等模块更新为 APTox 2.0；2012 年 12 月在 APTox 2.0 基础上重新规划主菜单设计并新增帮助菜单、直接均分射线设计、制备储备液、等效应浓度比设计、时间依赖毒性数据处理、效应相关分析、组合 MIM 模型及指数相关分析等模块更新为 APTox 3.0；2013 年 12 月再次全面规划主菜单设计与优化，新增酶动力学分析、半数效应方程、组合指数，全面修改作图子程序模块，全面修改三个加和参考模型预测方法，新建以实验浓度为基础预测效应方法，将 APTox 3.0 升级为 APTox 4.0；2016 年 12 月全面优化主菜单及各个操作模块设计，通过数据文件操作、微板实验设计、构建 SCR 数据、CRC 数据模拟、CRC 曲线置信区间构建、混合物毒性评估及其他分析方法等 6 个主菜单完成混合物毒性评估研究中单个组分及混合物射线为单调“S”

形剂量–效应曲线的 CRC 实验数据获取、CRC 拟合、混合物射线浓度多样性设计、混合物毒性相互作用分析、各种混合物毒性指数计算等工作任务，同时软件更新为 APTox 5.0。APTox 5.0 可应用于化学、药学、毒理学及环境科学等领域中多个化学药剂或化学毒物组合以及化学污染物之多元混合物的效应评估与毒性相互作用分析。

7.2 APTox 5.0 的主要功能

APTox 是一个适用于混合物各个组分均为单调非线性剂量–效应曲线或浓度–响应曲线（CRC）的多元混合物体系的微板毒性测试与混合物毒性分析的软件平台或实用工具，是笔者课题组十余年来从事混合物毒性评估与预测研究所发展并不断完善更新的研究方法与成果集成。创新与开发 APTox 的主要目的是为从事化学混合物毒性评估与预测研究的科技工作者提供实用工具与软件操作平台。目前，APTox 5.0 共设计 6 个主菜单，即“文件操作”、“微板实验设计”（MED）、“构建 SCR 数据”（SCR）、“CRC 数据模拟”（CRC）、“混合毒性评估”（MTE）与“其他分析方法”（OAM）等。主要菜单与功能模块如表 7.1 所示，包括 6 个主菜单，含 4、7、5、6、7 和 4 个共 33 个功能模块子菜单。

表 7.1 APTox 5.0 中的 6 个主菜单和 33 个功能子菜单

主菜单	文件操作	微板实验设计	构建 SCR 数据	CRC 数据模拟	混合毒性评估	其他分析方法
功能子菜单	打开 txt 文件	浓度梯度设计	从 S/T-MTA 计算	所有子集回归	基于 CI 剂效比较	多组数据组合
	保存 txt 文件	直接均分射线	T-MTA 数据处理	计算浓度效应	CI 与 DRI 指数图	多组 CR 数据谱
	退出 APTox	制备储备液	T-MTA 数据校验	效应置信区间	拟合归零指数图	多维等效线图
	帮助	计算均匀表	从 SCR 求解 NOEC	浓度置信区间	混合物射线点图	时间效应曲线
		均匀设计射线	从线虫致死 MTA	半数效应方程	传统剂效曲线法	
		随机浓度比射线		Hill 函数拟合	多效应指数方法	
		等效浓度比射线			经典联合指数法	

APTox 5.0 所有输入输出文件均是文本文件（*.txt），分隔符都是半角逗号。虽然 APTox 是一个自封闭系统，但也可以按 APTox 规定的文件数据格式将其他应用软件产生的数据文件转换为文本文件供 APTox 调用。使用 APTox 时，用户应该熟悉有关文件数据的基本格式，特别是输入文本文件的数据格式，否则无法正确有效地使用 APTox。

应该指出，用户可视 APTox 为一个应用软件，但同时也可当作一个研究工具，以帮助推进化学混合物毒性评估与预测研究。

7.2.1　微板实验设计

“微板实验设计”（microplate experimental design，MED）菜单下设 7 个功能子菜单：“浓度梯度设计”、“直接均分射线”、“制备储备液”、“计算均匀表”、“均匀设计射线”、“随机浓度比射线”以及“等效浓度比射线”等。

“浓度梯度设计”子菜单有 3 大功能，即计算稀释因子并更新储备液浓度、计算各浓度梯度加入毒物储备液体积与配制 96 孔微板。首先根据预备实验中高低浓度所得到的效应数据，指定浓度–响应曲线上安排的浓度梯度数以及高低浓度对应序号，计算稀释因子，同时按最高浓度的 2 倍更新储备液浓度。然后，根据浓度梯度与稀释因子计算需加入毒物储备液的体积。最后，考察实验加入体积的实际误差更新浓度梯度，进而根据不同 MTA 方法配制 96 孔微板毒物加入体积及需补水体积。

“直接均分射线”子菜单有 4 大功能，即按直接均分射线法基本原理设计多个二元混合物不同混合比射线的基本浓度组成、计算各条射线的稀释因子并更新储备液浓度、计算各射线各浓度梯度加入毒物储备液体积与配制 96 孔微板。后 3 大功能与“浓度梯度设计”子菜单除了将二元混合物视为“假纯毒物”外是相同的，即原毒物浓度在这时应该以二元混合物的总浓度代替。

“制备储备液”子菜单包括两大部分，即配制纯组分储备液与混合物储备液。配制纯组分储备液根据所需浓度与体积及纯组分分子量计算所需称取的质量；配制混合物储备液则根据所需混合物总浓度和各组分浓度分数计算各组分的浓度，然后根据总体积及各组分储备液浓度计算所需加入的各组分体积数。

“计算均匀表”子菜单有两大功能，即建立均匀设计基本表和均匀设计实验方案。首先，根据实验次数（即混合物射线数）和实际水平数（各组分浓度梯度数），按均匀设计原理计算均匀设计表或拟水平均匀设计表和相应的使用表。然后，按照均匀设计要求和实际要考虑的混合物中组分数并指定各因素水平，确定因素–水平表，根据使用表将各因素水平代入均匀设计表的对应列中产生均匀设计实验方案，即各组分在不同射线中的基本浓度组成（BCC）。

“均匀设计射线”子菜单与“直接均分射线”子菜单相似，同样有 4 大功能，即按均匀设计实验方案设计各条多元混合物射线的基本浓度组成、计算各条射线的稀释因子并更新储备液浓度、计算各射线各浓度梯度加入毒物储备液体积与配制 96 孔微板。这里与直接均分射线法不同的是，均匀设计射线法适用于三元及多元混合物，而直接均分射线法只适用于二元混合物。

“随机浓度比射线”子菜单也与“直接均分射线”子菜单相似，有 4 大功能，即按指定的混合物各组分混合比或浓度分数设计 1 条混合物射线的基本浓度组成、计算该射线稀释因子并更新储备液浓度、计算各浓度梯度加入毒物储备液体积与配制 96 孔微板。该模块是为构建任意混合比组成的二元或多元混合物而设计的，各组分浓度分数由用户从窗口输入指定。

“等效应浓度比射线”子菜单与“随机浓度比射线”一样有 4 大功能，即设计各组分具有等效应浓度（基本浓度组成点以等效应浓度为基础）的混合物、计算稀释因子并更新储备液浓度、计算各浓度梯度加入储备液体积与配制 96 孔微板。等效应浓度比混合物是随机浓度比射线混合物的一个特例，其浓度组成输入比随机浓度比射线法混合物更简单，只需要指定等效应值即可。

7.2.2 构建 SCR 数据

“构建 SCR 数据”（structure concentration-response data，SCR）菜单下设 5 个功能子菜单：“从 S/L-MTA 计算”、“T-MTA 数据处理”、“T-MTA 数据校验”、“从 SCR 求解 NOEC”及“从线虫致死 MTA”等。

“从 S/L-MTA 计算”有 3 大功能，即利用短程微板毒性分析法（short-term microplate toxicity analysis，S-MTA）测定的原始 S-MTA 数据建立标准的浓度–响应数据即 SCR 数据、利用长程微板毒性分析法（long-term microplate toxicity analysis，L-MTA）测定的原始 L-MTA 数据构建标准 SCR 数据、制作二维实验浓度–响应数据图谱。

“T-MTA 数据处理”有 3 大功能，即利用时间依赖微板毒性分析法（time-dependent microplate toxicity analysis，T-MTA）测试的原始数据计算不同时间下的标准浓度–响应数据（SCR）并自动保存各时间的 SCR 数据和全部空白与全部相对发光单位数据、观察不同时间下的浓度–响应数据即不同时间下的浓度–响应曲线（concentration-response curve，CRC）及观察不同浓度下的时间–响应数据即不同浓度的时间–响应曲线（time-response curve，TRC）。

“T-MTA 数据校验”有 4 大功能，即空白校正、空白校正后重新计算各处理组抑制率并输出浓度–时间–效应三维数据、观察不同时间下的浓度–响应数据即不同时间下的 CRC、观察不同浓度下的时间–响应数据即不同浓度的 TRC。

“从 SCR 求解 NOEC”子菜单从标准 SCR 数据统计推断 NOEC。NOEC（no observed effective concentration），是（环境）毒理学中最重要的阈值浓度之一。NOEC 计算是基于一定规则的假设检验程序，APTox 采用最经典的基于 Dunnett 规则的统计分析方法（Dunnett，1964）。

“从线虫致死 MTA”有 3 大功能，即利用线虫致死微板毒性分析法（elegent lethel microplate toxicity analysis，E-MTA）测试数据建立不同时间下的标准浓度–响应数据即 SCR 数据、观察不同时间下的 CRC 变化和不同浓度水平下的 TRC 变化。

7.2.3　CRC 数据模拟

“CRC 数据模拟”（concentration-response curve fitting，CRC）菜单下设 6 个功能子菜单：“所有子集回归”、“计算浓度效应”、“效应置信区间”、“浓度置信区间”、“半数效应方程”及“Hill 函数拟合”等。

“所有子集回归”子菜单是 APTox 中最重要的模块之一，有 3 大功能，即求浓度–响应函数的回归系数、进行拟合模型稳定性去一法（leave-one-out，LOO）校验及观察 CRC 拟合曲线。所有子集回归以标准 SCR 为输入数据文件，通过选择不同的非线性“S”形剂量–效应函数和平均效应进行 CRC 拟合。

“计算浓度效应”子菜单有 5 大功能，即应用拟合 CRC 函数文件观察 CRC 图谱、计算指定浓度下的单个效应、计算多个指定浓度下的多个效应、计算单个效应之浓度，计算多个效应下的多个浓度。

“效应置信区间”子菜单有 3 大功能，即根据拟合函数与 SCR 实验测试数据计算各个实验浓度下的效应及其函数置信区间（function-based confidence interval，FCI）或基于观测的置信区间（observation-based confidence interval，OCI），通过插值方法计算各指定效应下的效应置信区间，按实验浓度或指定等效应输出拟合 CRC 及其置信区间。

“浓度置信区间”子菜单是在求得的效应置信区间基础上通过简单线性插值方法计算某个指定效应下的浓度置信区间，这是为了与传统基于浓度的置信区间进行比较而设计的。应该注意的是有些浓度的置信区间可能没有置信下限或上限。

“半数效应方程”子菜单是将 Chou 建立的半数效应方程（Chou，2006）应用于我们的微板毒性测试数据以检验 Chou 方程的适用性。主要有两大功能，从标准 SCR 文件数据求解半数效应方程，输出浓度对数–效应对数图。

“Hill 函数拟合”子菜单是 APTox 5.0 中新增的 CRC 拟合模块，用于最大效应小于 1 h 的剂量–效应曲线的拟合，为三参数拟合函数。有两大功能，即求浓度–响应函数的回归系数及观察 CRC 拟合曲线。同样以标准 SCR 为输入数据文件。

7.2.4　混合毒性评估

“混合毒性评估”（mixture toxicity evaluation，MTE）菜单下设 7 个功能子菜单：“基于 CI 剂效比较”、“CI 与 DRI 指数图”、“拟合归零指数图”、“混合物射线点图”、“传统剂效曲线法”、“多效应指数方法”及“经典联合指数法”。

“基于 CI 剂效比较”是 APTox 中最重要的模块之一，它以 CRC-CI-AFC 组合文件即拟合 CRC 数据（CRC）、效应置信区间数据（CI）与所有组分拟合 CRC 参数数据（AFC）组合而成的文件为基础，进行基于实验浓度的 CA、IA 及 ES 模型预测混合物毒性效应，进行基于指定效应的 CA、IA 及 ES 模型预测混合物效应浓度以及输出实验拟合 CRC 与三种参考模型预测 CRC 谱。

“CI 与 DRI 指数图”是 APTox 5.0 新增的模块。有两个主要功能，可从 x-FCI-AFC.txt 文件即指定效应（x）、拟合效应（F）、置信区间（CI）和所有组分的 CRC 参数数据（AFC）组成的文件（由“基于 CI 剂效比较”自动生成），计算包括置信区间在内的多效应组合指数（CI_x）和剂量减少指数（DRI）以及输出多效应下的指数图。

“拟合归零指数图”从“基于 CI 剂效比较”产生的实验浓度预测效应文件 c-FCICIE.txt，即从浓度计算的拟合效应（F）、置信区间（CI）、CA 与 IA 及 ES 三模型预测效应（CIE）组成的文件计算三模型（CIE）预测效应与拟合效应之间的偏差指数，并将拟合值归零的相互作用指数输出；计算指定效应的相互作用指数及输出相互作用指数谱。

“混合物射线点图”同样从 CRC-CI-AFC 组合文件出发，从实验浓度通过各个加和参考模型预测其效应以及按指定效应输出指定效应点对应的混合物实验效应、加和预测效应及各个组分单独存在时产生的效应。

“传统剂效曲线法”原理及基本算法和“基于 CI 剂效比较”相同，只是全部计算都不包括置信区间（CI）的计算，也有 3 个功能，即从浓度预测效应、预测指定效应下的效应浓度及观察 CRC 谱。

“多效应指数方法”从“基于 CI 剂效比较”产生的从实验浓度预测效应文件 x-FCICIE.txt 计算各个指定效应下的混合物毒性指数，比如多效应 MDR、多效应 rMDR、多效应 ERR、多效应 RRM 以及 dCA、dIA 和 dES；输出全部 7 大指数以及输出相应指数随效应的变化谱。

“经典联合指数法”是经典单点比较方法的推广与改进，是为比较而设。该模块不仅可计算半数效应或其他多个效应下的经典毒性指数如毒性单位和（STU）、加和指数（AI）与混合物毒性指数（MTI），而且也可拓展计算多个效应下的经典毒性指数和部分新指数如混合物加和指数（CAI 与 EAI）。同样可输出各指数随效应的变化情况谱。

7.2.5 其他分析方法

“其他分析方法”（other analytical methods，OAM）菜单下设 4 个子菜单：“多组数据组合”、“多组 CR 数据谱”、“多维等效线图”及“时间效应曲线”等。

“多组数据组合”子菜单的主要功能是将需要组合的数据文件的前 n 行追加到 APTox 的指定文件（CombiFile.txt）已有内容之后以完成文件数据的组合任务。

“多组 CR 数据谱”子菜单主要功能是输出多个单个组分或混合物的 CRC 相

关数据与图谱，包括单次实验测定与平均值 CRC 数据、拟合 CRC 数据与图谱等。

“多维等效线图”子菜单主要功能是输出多个混合物构建等效线图的基础数据、制作任意两组分的等效线图以及标准化等效线图。首先将多个混合物射线在指定效应下利用三个常用加和模型（CIE）预测效应结果文件“x-FCICIE.txt”进行组合构成“Com-x-FCICIE.txt”；进而计算指定效应下等效线图所需要的各组分浓度数据。

“时间效应曲线”子菜单主要功能是从组合时间浓度–效应数据文件“Com-t-FitCR.txt”制作指定 3 个效应（20%、50%和 80%）下毒性随时间的变化曲线。

7.3　最重要的输入数据文件

APTox 使用的所有输入文件都是文本文件，要正确使用 APTox，就必须清楚不同输入文件的数据格式。APTox 最重要的也是最基本的输入数据文件，由单个组分或混合物射线的浓度–响应数据按一定规则构成，是 APTox 中“CRC 数据模拟”、“混合毒性评估”和“其他分析方法”3 个主菜单中各功能模块子菜单的基础输入文件，为方便记忆，我们称之为标准的 SCR 数据文件，即“*-SCR.txt”。这个文件可以是通过运行 APTox 的“微板实验设计”菜单各相关功能子菜单从原始测定的数据中产生的浓度–响应数据文件，也可以是从别的方法获得的毒性数据按 APTox 中规定的 SCR 数据文件格式产生的或手动输入的浓度–响应数据文件。

在 APTox 中，规定单个组分或纯物质的 SCR.txt 文件的基本格式为：

```
单个组分名称, 浓度梯度数(p_n), 重复板数(rep_n)
浓度标示符, [p_n 个浓度数据, 每个浓度之间以逗号分隔]
板 I1, [p_n 个不同浓度毒物的毒性数据, 每个数据之间以逗号分隔]
板 I2, [p_n 个不同浓度毒物的毒性数据, 每个数据之间以逗号分隔]
……………………………………………………………………………
板 Ipn, [p_n 个不同浓度毒物的毒性数据, 每个数据之间以逗号分隔]
```

规定由多个组分构成的混合物（Mixtures）的 SCR.txt 文件的基本格式为：

```
混合物名称, 浓度梯度数(p_n), 重复板数(rep_n), 混合物组分数(cpd_n)
浓度分数标示符, [cpd_n 个毒物的浓度分数数据, 每个数据之间以逗号分隔]
总浓度(剂量)标示符，[p_n 个浓度数据, 每个浓度之间以逗号分隔]
板 I1, [p_n 个不同浓度混合物的毒性数据, 每个数据之间以逗号分隔]
板 I2, [p_n 个不同浓度混合物的毒性数据, 每个数据之间以逗号分隔]
……………………………………………………………………………  ……
板 Ipn, [p_n 个不同浓度混合物的毒性数据, 每个数据之间以逗号分隔]
```

与纯组分的 SCR.txt 文件相比，混合物的 SCR.txt 文件在第 1 行最后增加了该混合物包括的组分数，增加了第 2 行说明混合物中各组分的浓度分数（p_i）。

例如，一个五元混合物某射线的 SCR 文件如下：

```
U1, 12, 3, 5
pi, 4.220E-1, 1.400E-1, 3.070E-1, 8.110E-2, 5.020E-2
Cmix (mol/L), 3.720E-8, 5.208E-8, 7.440E-8, 1.079E-7, 1.525E-7, 2.232E-7, 3.162E-7, 4.464E-7,
6.324E-7, 9.114E-7, 1.302E-6, 1.860E-6
I1, 0.1155, 0.0913, 0.1077, 0.1345, 0.1210, 0.1506, 0.0325, 0.1037, 0.2911, 0.3489, 0.6094, 0.7523
I2, -0.0214, 0.0787, 0.0725, 0.1017, 0.1377, 0.1316, 0.0218, 0.2168, 0.3344, 0.3819, 0.5128, 0.7683
I3, -0.2110, 0.1458, 0.1354, 0.1538, 0.1506, 0.1534, 0.0565, 0.1524, 0.2981, 0.3902, 0.4435, 0.7857
```

其他输入数据文件请参见 APTox 操作说明。

7.4 应 用 举 例

【例 7.1】 等效线图方法是混合物毒理学中考察二元混合物毒性相互作用最常用的图形方法。所谓等效线是指以二元混合物中两组分的浓度为坐标的二维平面中的 1 条直线（浓度加和 CA）或者 1 条曲线（效应加和 ES 或独立作用 IA），在这条直线上所有点所代表的混合物的毒性效应是相等的。因此，要构建 1 个等效线图（由加和参考模型构成的理论等效线和含有不确定度的实验等效线构成），必须进行多个混合物的全面浓度–效应实验。选择敌敌畏（DIC）与 1-丁基-2,3-二甲基咪唑氯（IL1）为二元混合物组分，以青海弧菌 Q67 为检测生物，发光抑制为毒性终点，直线均分射线法（EquRay）设计 5 条混合物射线，应用微板毒性分析法（MTA）测试组分与混合物射线在不同浓度下对 Q67 的毒性效应，请利用测试毒性数据构建等效线图？

【解】（1）组分及射线的剂量–效应曲线拟合

应用微板毒性分析法（MTA）测定两个组分（DIC 与 IL1）在 12 个浓度下各 3 次重复的效应数据，借 APTox 的最佳子集回归功能进行 CRC 模拟并求得置信区间，结果如表 7.2。

APTox 输出的 DIC 和 IL1 的 CRC 及置信区间如图 7.1 所示。

以组分 CRC 模型为基础，应用 EquRay 设计 5 条混合物射线，并在每条射线上安排 12 个不同浓度梯度的混合物点，同样应用 MTA 方法采集浓度–效应数据，进行 CRC 模拟，获得 CRC 模型及相应效应置信区间。结果见表 7.3。

表 7.2　单个组分在不同浓度下的实验效应、拟合效应及观测置信区间（OCI）上下限

	编号	浓度（mol/L）	效应 1	效应 2	效应 3	拟合效应	OCI 下限	OCI 上限
敌敌畏（DIC），Weibull 函数（α=8.55 和β=2.96）	1	3.257E–5	0.0597	0.0734	0.0847	0.0212	–0.0262	0.0686
	2	5.261E–5	0.0638	0.0267	0.0515	0.0328	–0.0150	0.0806
	3	8.769E–5	0.0455	0.0462	0.0440	0.0519	0.0034	0.1004
	4	1.378E–4	0.0614	0.0738	0.0703	0.0777	0.0284	0.1270
	5	2.192E–4	0.0888	0.1059	0.1020	0.1166	0.0663	0.1669
	6	3.570E–4	0.1530	0.1578	0.1706	0.1766	0.1255	0.2277
	7	5.637E–4	0.2540	0.2446	0.2797	0.2561	0.2047	0.3075
	8	9.395E–4	0.3832	0.3816	0.3870	0.3772	0.3261	0.4283
	9	1.503E–3	0.5212	0.5198	0.5210	0.5181	0.4671	0.5691
	10	2.380E–3	0.6894	0.6764	0.6823	0.6719	0.6200	0.7238
	11	3.883E–3	0.8371	0.8248	0.8375	0.8261	0.7725	0.8797
	12	6.264E–3	0.9119	0.9018	0.9112	0.9339	0.8793	0.9885
1-丁基-2，3-二甲基咪唑氯（IL1），Logit 函数（α=9.27 和β=4.86）	1	1.318E–4	–0.0333	–0.0074	–0.0213	0.0001	–0.0287	0.0289
	2	2.128E–4	–0.0266	0.0101	–0.0193	0.0002	–0.0286	0.0290
	3	3.547E–4	–0.0302	0.0205	–0.0280	0.0006	–0.0282	0.0294
	4	5.574E–4	–0.0128	0.0022	–0.0017	0.0014	–0.0274	0.0302
	5	8.868E–4	–0.0070	0.0310	0.0070	0.0038	–0.0251	0.0327
	6	1.444E–3	–0.0037	0.0039	0.0036	0.0106	–0.0184	0.0396
	7	2.280E–3	0.0180	0.0564	0.0316	0.0274	–0.0022	0.0570
	8	3.801E–3	0.0670	0.0893	0.0826	0.0764	0.0448	0.1080
	9	6.081E–3	0.1777	0.1982	0.2078	0.1824	0.1480	0.2168
	10	9.628E–3	0.3498	0.3794	0.3579	0.3705	0.3355	0.4055
	11	1.571E–2	0.6122	0.6149	0.6052	0.6233	0.5849	0.6617
	12	2.534E–2	0.8408	0.8305	0.8403	0.8194	0.7898	0.8490

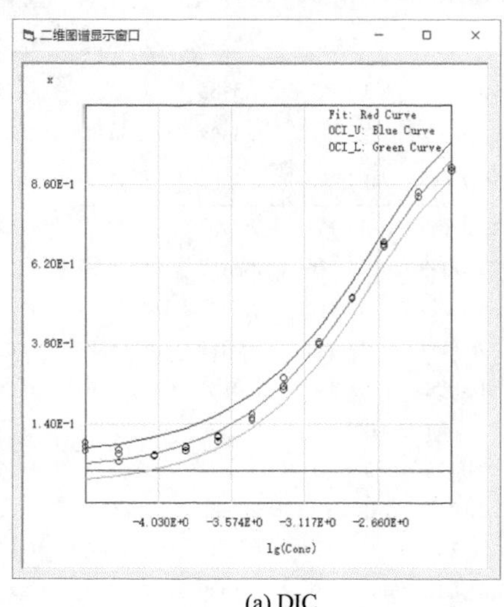

(a) DIC

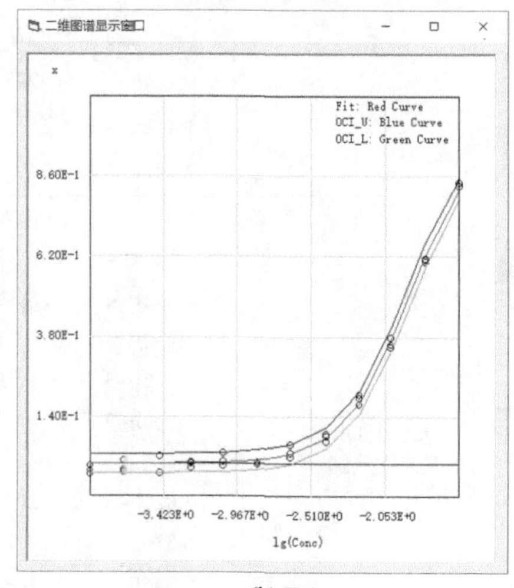

(b) IL1

图 7.1　DIC 和 IL1 的浓度–效应关系

黑圆为实验效应；中间红实线为拟合曲线；上下两条曲线是观测置信区间

表 7.3　5 条混合物射线在不同浓度下的实验效应、拟合效应及观测置信区间（OCI）上下限

	编号	浓度（mol/L）	效应 1	效应 2	效应 3	拟合效应	OCI 下限	OCI 上限
DIC-IL1-R1，Logit 函数（α=9.41 和β=5.07），DIC 和 IL1 的浓度分数分别为 0.01834 和 0.9817	1	2.400E–4	0.0096	0.0005	–0.0165	0.0001	–0.0179	0.0181
	2	3.840E–4	0.0127	0.0089	0.0000	0.0004	–0.0176	0.0184
	3	5.759E–4	0.0133	0.0154	0.0096	0.0009	–0.0171	0.0189
	4	8.639E–4	0.0078	0.0159	0.0078	0.0022	–0.0158	0.0202
	5	1.320E–3	0.0019	0.0152	0.0380	0.0055	–0.0126	0.0236
	6	1.992E–3	0.0058	0.0074	0.0474	0.0136	–0.0046	0.0318
	7	3.120E–3	0.0208	0.0275	0.0417	0.0357	0.0171	0.0543
	8	4.560E–3	0.0750	0.0949	0.0874	0.0788	0.0591	0.0985
	9	6.959E–3	0.1647	0.1787	0.1895	0.1783	0.1571	0.1995
	10	1.056E–2	0.3151	0.3487	0.3785	0.3520	0.3305	0.3735
	11	1.584E–2	0.5454	0.5714	0.5790	0.5702	0.5469	0.5935
	12	2.400E–2	0.7577	0.7698	0.7994	0.7681	0.7481	0.7881
DIC-IL1-R2，Logit 函数（α=8.53 和β=4.46），DIC 和 IL1 的浓度分数分别为 0.04464 和 0.9554	1	2.231E–4	–0.0118	–0.0039	–0.0387	0.0004	–0.0373	0.0381
	2	3.569E–4	0.0069	–0.0074	–0.0270	0.0011	–0.0366	0.0388
	3	5.353E–4	0.0124	–0.0051	–0.0314	0.0023	–0.0354	0.0400
	4	8.030E–4	0.0020	–0.0137	–0.0192	0.0051	–0.0327	0.0429
	5	1.227E–3	–0.0010	–0.0057	–0.0090	0.0115	–0.0264	0.0494
	6	1.851E–3	0.0065	0.0136	0.0032	0.0252	–0.0132	0.0636
	7	2.900E–3	0.0362	0.0225	0.0501	0.0580	0.0182	0.0978
	8	4.238E–3	0.1127	0.0989	0.1059	0.1138	0.0718	0.1558
	9	6.469E–3	0.2374	0.2208	0.2360	0.2255	0.1814	0.2696
	10	9.814E–3	0.4243	0.4031	0.4189	0.3950	0.3507	0.4393
	11	1.472E–2	0.5916	0.5652	0.6174	0.5888	0.5411	0.6365
	12	2.231E–2	0.7394	0.7250	0.7555	0.7621	0.7203	0.8039
DIC-IL1-R3，Logit 函数（α=8.09 和β=4.15），DIC 和 IL1 的浓度分数分别为 0.08547 和 0.9145	1	2.010E–4	0.0072	–0.0155	–0.0458	0.0007	–0.0510	0.0524
	2	3.217E–4	–0.0075	–0.0049	–0.0446	0.0017	–0.0500	0.0534
	3	4.825E–4	–0.0062	–0.0168	–0.0370	0.0034	–0.0483	0.0551
	4	7.238E–4	–0.0172	–0.0074	–0.0333	0.0071	–0.0447	0.0589
	5	1.106E–3	–0.0151	–0.0152	–0.0096	0.0151	–0.0370	0.0672
	6	1.669E–3	0.0047	0.0084	0.0082	0.0312	–0.0217	0.0841
	7	2.614E–3	0.0448	0.0336	0.0689	0.0673	0.0124	0.1222
	8	3.820E–3	0.1207	0.1071	0.1210	0.1252	0.0675	0.1829
	9	5.830E–3	0.2472	0.2304	0.2583	0.2346	0.1746	0.2946
	10	8.846E–3	0.4163	0.4042	0.4328	0.3939	0.3338	0.4540
	11	1.327E–2	0.5705	0.5655	0.5960	0.5744	0.5101	0.6387
	12	2.011E–2	0.7094	0.7116	0.7126	0.7405	0.6816	0.7994

续表

	编号	浓度（mol/L）	效应 1	效应 2	效应 3	拟合效应	OCI 下限	OCI 上限
DIC-IL1-R4，Logit 函数（α=7.05 和β=3.51），DIC 和 IL1 的浓度分数分别为 0.1575 和 0.8425	1	1.713E–4	–0.0114	–0.0234	0.0152	0.0021	–0.0131	0.0173
	2	2.740E–4	0.0180	–0.0102	0.0234	0.0043	–0.0109	0.0195
	3	4.110E–4	0.0139	–0.0024	0.0209	0.0079	–0.0074	0.0232
	4	6.165E–4	0.0306	0.0001	0.0241	0.0145	–0.0008	0.0298
	5	9.419E–4	0.0427	0.0174	0.0259	0.0274	0.0119	0.0429
	6	1.421E–3	0.0615	0.0254	0.0385	0.0500	0.0342	0.0658
	7	2.226E–3	0.0819	0.0889	0.0920	0.0945	0.0781	0.1109
	8	3.254E–3	0.1613	0.1534	0.1570	0.1569	0.1399	0.1739
	9	4.966E–3	0.2654	0.2767	0.2780	0.2617	0.2444	0.2790
	10	7.535E–3	0.3925	0.3971	0.3904	0.4010	0.3836	0.4184
	11	1.130E–2	0.5560	0.5581	0.5596	0.5540	0.5356	0.5724
	12	1.713E–2	0.6917	0.7091	0.6941	0.7006	0.6826	0.7186
DIC-IL1-R5，Logit 函数（α=7.05 和β=3.10），DIC 和 IL1 的浓度分数分别为 0.3185 和 0.6815	1	1.286E–4	–0.0205	0.0058	–0.0002	0.0066	–0.0143	0.0275
	2	2.058E–4	0.0000	0.0019	0.0213	0.0124	–0.0085	0.0333
	3	3.087E–4	0.0071	0.0081	0.0277	0.0212	0.0002	0.0422
	4	4.631E–4	0.0129	0.0122	0.0374	0.0360	0.0147	0.0573
	5	7.075E–4	0.0439	0.0405	0.0737	0.0620	0.0403	0.0837
	6	1.068E–3	0.0882	0.1040	0.1151	0.1032	0.0808	0.1256
	7	1.672E–3	0.1627	0.1605	0.1914	0.1740	0.1509	0.1971
	8	2.444E–3	0.2625	0.2572	0.2834	0.2598	0.2364	0.2832
	9	3.730E–3	0.4067	0.3674	0.4085	0.3828	0.3594	0.4062
	10	5.660E–3	0.5197	0.5328	0.5181	0.5209	0.4966	0.5452
	11	8.490E–3	0.6326	0.6549	0.6348	0.6524	0.6276	0.6772
	12	1.286E–2	0.7576	0.7746	0.7567	0.7666	0.7443	0.7889

（2）应用 CRC 模型求多个指定效应下各组分及各射线的效应浓度

分别应用两个组分及 5 条混合物射线的拟合 CRC 模型的反函数，计算多个指定等效应（x = 20%、30%、40%、50%、60%、70%和 80%）下的效应浓度及各混合物射线在这些效应浓度的置信区间，进而计算每条射线中指定效应混合物中两个组分的浓度及置信区间。结果如表 7.4 所示。

（3）构建加和等效线

分别利用 CA、IA 和 ES 模型，计算该混合物体系中不同混合比射线在指定效应下的预测效应浓度，结果自动保存为“*-x-FCICIE.txt”文件供制作等效线图调用。这可应用 APTox 的“基于 CI 的剂效比较”模块对每条混合物射线进行操作实现。

表 7.4　混合物组分及 5 条混合物射线（R1，R2，R3，R4 和 R5）的 7 个效应浓度

编号	指定效应（%）	DIC 效应浓度（mol/L）	IL1 效应浓度（mol/L）	R1 效应浓度（mol/L）	R2 效应浓度（mol/L）	R3 效应浓度（mol/L）	R4 效应浓度（mol/L）	R5 效应浓度（mol/L）
1	20.00	4.397E–4	6.417E–3	7.423E–3	5.979E–3	5.207E–3	3.949E–3	1.899E–3
2	30.00	6.687E–4	8.284E–3	9.481E–3	7.897E–3	7.022E–3	5.624E–3	2.835E–3
3	40.00	9.430E–4	1.021E–2	1.159E–2	9.920E–3	8.972E–3	7.515E–3	3.936E–3
4	50.00	1.293E–3	1.238E–2	1.393E–2	1.223E–2	1.124E–2	9.805E–3	5.319E–3
5	60.00	1.772E–3	1.500E–2	1.675E–2	1.508E–2	1.407E–2	1.279E–2	7.188E–3
6	70.00	2.499E–3	1.849E–2	2.047E–2	1.894E–2	1.798E–2	1.709E–2	9.980E–3
7	80.00	3.800E–3	2.387E–2	2.615E–2	2.502E–2	2.425E–2	2.434E–2	1.489E–2

（4）组合各射线的加和模型预测结果文件输出某指定效应等效线图

应用 APTox 的“多组数据组合”功能将 5 条射线加和模型预测结果文件合并，并在结尾添加 2 个组分的 CRC 模型参数结果文件构成一个组合文件，选择或输入指定效应，即可制作该指定效应下的等效线图。指定效应为 50%和 20%下的等效线图如图 7.2 所示。

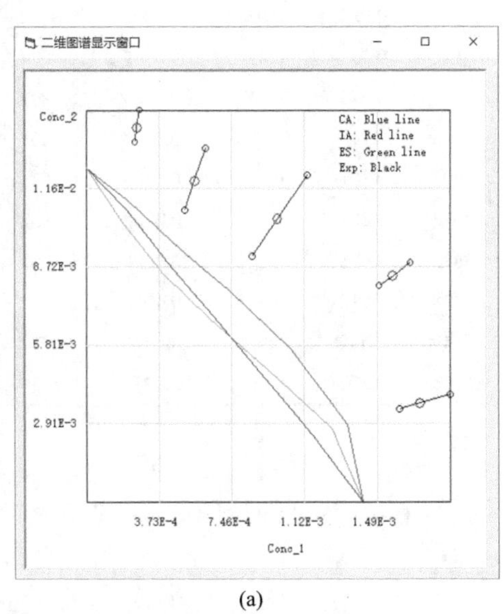

(a)

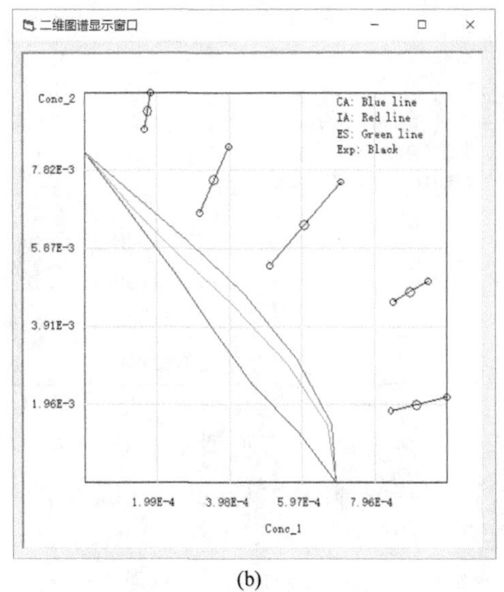

(b)

图 7.2　在等效应 50%（a）和 30%（b）下的等效线图

蓝线为 CA 等效线；红线为 IA 等效线；绿线为 ES 等效线；各线段为实验等效点及观测置信区间

参 考 文 献

窦容妮, 刘树深, 刘海玲, 王丽娟, 覃礼堂. 2010. 部分含 J-型剂量－效应关系二元混合物的毒性效应. 生态毒理学报, 5(4): 498-504.

方开泰. 1980.均匀设计——数论方法在试验设计中的应用. 应用数学学报, 3(4): 363-372.

葛会林, 刘树深, 刘芳. 2006. 多组分苯胺类混合物对发光菌的抑制毒性. 生态毒理学报, 1(4): 295-302.

霍向晨, 刘树深, 张晶, 张瑾. 2013. 效应残差法(MERA)表征二甲亚砜－农药二元混合物毒性相互作用. 环境科学, 34(1): 257-262.

林楠, 张晶, 刘树深. 2013. 污染物对青海弧菌 Q67 时间依赖微板毒性分析. 中国科技论文在线精品论文, 6(24): 2321-2328.

刘树深, 刘玲, 陈浮. 2013. 浓度加和模型在化学混合物毒性评估中的应用. 化学学报, 71(10): 1335-1340.

刘树深, 张瑾, 张亚辉, 覃礼堂. 2012. APTox: 化学混合物毒性评估与预测. 化学学报, 70(14): 1511-1517.

刘雪, 刘树深, 刘海玲. 2015. 构建三元混合污染物的三维等效图. 环境科学, 36(12): 4574-4581.

莫凌云, 刘树深, 刘海玲. 2008. 苯酚与苯胺衍生物对发光菌的联合毒性. 中国环境科学, 28(4): 334-339.

宋晓青, 刘树深, 刘海玲, 葛会林. 2008. 部分除草剂与重金属混合物对发光菌的毒性. 生态毒理学报, 3(3): 237-243.

王成林, 张瑾, 刘树深, 刘海玲. 2012. 3 种离子液体与甲酸灵二元混合物的联合毒性. 中国环境科学, 32(11): 2090-2094.

王猛超, 刘树深, 陈浮. 2014. 拓展浓度加和模型预测三种三嗪类除草剂混合物的时间依赖毒性. 化学学报, 72(1): 56-60.

王元, 方开泰. 1981. 关于均匀分布与实验设计. 科学通报, 26(2): 65-70.

吴宗凡, 刘兴国, 王高学. 2013. 重金属与有机磷农药二元混合物对卤虫联合毒性的评价与预测. 生态毒理学报, 8(4): 602-608.

朱祥伟, 刘树深, 葛会林, 刘堰. 2009. 剂量–效应关系两种置信区间的比较. 中国环境科学, 29(2): 113-117.

Altenburger R, Backhaus T, Boedeker W, Faust M, Scholze M, Grimme L H. 2000. Predictability of the toxicity of multiple chemical mixtures to *Vibrio fischeri*: Mixtures composed of similarly acting chemicals. Environmental Toxicology and Chemistry, 19(9): 2341-2347.

Altenburger R, Nendza M, Schuurmann G. 2003. Mixture toxicity and its modeling by quantitative structure-activity relationships. Environmental Toxicology and Chemistry, 22(8): 1900-1915.

Altenburger R, Schmitt H, Schuurmann G. 2005. Algal toxicity of nitrobenzenes: Combined effect analysis as a pharmacological probe for similar modes of interaction. Environmental Toxicology and Chemistry, 24(2): 324-333.

Arrhenius A, Gronvall F, Scholze M, Backhaus T, Blanck H. 2004. Predictability of the mixture toxicity of 12 similarly acting congeneric inhibitors of photosystem II in marine periphyton and epipsammon communities. Aquatic Toxicology, 68(4): 351-367.

Backhaus T., Altenburger R, Boedeker W, Faust M, Scholze M, Grimme L H. 2000a.Predictability of the toxicity of a multiple mixture of dissimilarly acting chemicals to *Vibrio fischeri*. Environmental Toxicology and Chemistry, 19(9): 2348-2356.

Backhaus T, Arrhenius A, Blanck H. 2004. Toxicity of a mixture of dissimilarly acting substances to natural algal communities: Predictive power and limitations of independent action and concentration addition. Environmental Science & Technology, 38(23): 6363-6370.

Backhaus T, Scholze M, Grimme L H. 2000b. The single substance and mixture toxicity of quinolones to the bioluminescent bacterium *Vibrio fischeri*. Aquatic Toxicology, 49(1-2): 49-61.

Baldwin W S, Roling J A. 2009. A concentration addition model for the activation of the constitutive androstane receptor by xenobiotic mixtures. Toxicological Sciences, 107(1): 93-105.

Barata C, Fernandez-San Juan M, Luisa Feo M, Eljarrrat E, Soares A M V M, Barcelo D, Baird D J. 2012. Population growth rate responses of *Ceriodaphnia dubia* to ternary mixtures of specific acting chemicals: Pharmacological versus ecotoxicological modes of action. Environmental Science & Technology, 46(17): 9663-9672.

Beckon W, Parkins C, Maximovich A, Beckon A V. 2008. A general approach to modeling biphasic relationships. Environmental Science & Technology, 42(4): 1308-1314.

Boltes K. Rosal R, Garcia-Calvo E. 2012. Toxicity of mixtures of perfluorooctane sulphonic acid with chlorinated chemicals and lipid regulators. Chemosphere, 86(1): 24-29.

Bosgra S, van Eijkeren J C H, Slob W. 2009. Dose addition and the isobole method as approaches for predicting the cumulative effect of non-interacting chemicals: A critical evaluation. Critical Reviews in Toxicology, 39(5): 418-426.

Brian J V, Harris C A, Scholze M, Backhaus T, Booy P, Lamoree M, Pojana G, Jonkers N, Runnalls T, Bonfa A, Marcomini A, Sumpter J P. 2005. Accurate prediction of the response of freshwater fish to a mixture of estrogenic chemicals. Environmental Health Perspectives, 113(6): 721-728.

Bundschuh M, Goedkoop W, Kreuger J. 2014. Evaluation of pesticide monitoring strategies in agricultural streams based on the toxic-unit concept - Experiences from long-term measurements. Science of the Total Environment, 484: 84-91.

Cao C-W, Niu F, Li X-P, Ge S-L, Wang Z-Y. 2014. Acute and joint toxicity of twelve substituted benzene compounds to *Propsilocerus akamusi* Tokunaga. Central European Journal of Biology, 9(5): 550-558.

Cedergreen N, Christensen A M, Kamper A, Kudsk P, Mathiassen S K, Streibig J C, Sorensen H. 2008. A review of independent action compared to concentration addition as reference models for mixtures of compounds with different molecular target sites. Environmental Toxicology and Chemistry, 27(7): 1621-1632.

Charles G D, Gennings C, Zacharewski T R, Gollapudi B B, Carney E W. 2002. Assessment of interactions of diverse ternary mixtures in an estrogen receptor-alpha reporter assay. Toxicology and Applied Pharmacology, 180(1): 11-21.

Chen C, Wang Y H, Qian Y Z, Zhao X P, Wang Q. 2015. The synergistic toxicity of the multiple chemical mixtures: Implications for risk assessment in the terrestrial environment. Environment

International, 77: 95-105.

Chen C, Wang Y H, Zhao X P, Qian Y Z, Wang Q. 2014. Combined toxicity of butachlor, atrazine and lambda-cyhalothrin on the earthworm *Eisenia fetida* by combination index (CI)-isobologram method. Chemosphere, 112: 393-401.

Chen D G. 2009. A quantal statistical isobologram model to identify joint action for chemical mixtures. Environmetrics, 20(1): 101-109.

Chou J H, Chou T C. 1988. Computerized simulation of dose reduction index (DRI) in synergistic drug combinations. Pharmacologist, 30: A231.

Chou T C. 1976. Derivation and properties of michaelis-menten type and hill type equations for reference ligands. Journal of Theoretical Biology, 59(2): 253-276.

Chou T C. 2006. Theoretical basis experimental design and computerized simulation of synergism and antagonism in drug combination studies. Pharmacological Reviews, (3): 621-681.

Chou T C. 2009. Comparison of drug combinations *in vitro* in animals and in clinics by using the combination index method via computer simulation. Cancer Research, 69.

Chou T C. 2010. Drug combination studies and their synergy quantification using the Chou-Talalay. Method Cancer Research, 70(2): 440-446.

Chou T C. 2011 The mass-action law based algorithm for cost-effective approach for cancer drug discovery and development. American Journal of Cancer Research, 1(7): 925-954.

Chou T C, Talalay P. Analysis of combined drug effects: A new look at avery old problem. Trends in Pharmacological Science, 4: 450-454.

Christen V, Crettaz P, Oberli-Schrammli A, Fent K. Antiandrogenic activity of phthalate mixtures: Validity of concentration addition. Toxicology and Applied Pharmacology, 259(2): 169-176.

de Castro-Catala N, Kuzmanovic M, Roig N, Sierra J, Ginebreda A, Barcelo D, Perez S, Petrovic M, Pico Y, Schuhmacher M, Munoz I. 2016. Ecotoxicity of sediments in rivers: Invertebrate community toxicity bioassays and the toxic unit approach as complementary assessment tools. Science of the Total Environment , 540: 297-306 .

Dou R-N, Liu S-S, Mo L-Y, Liu H-L, Deng F-C. 2011. A novel direct equipartition ray design (EquRay) procedure for toxicity interaction between ionic liquid and dichlorvos. Environmental Science and Pollution Research, 18(5): 734-742.

Dressler V, Muller G, Suhnel J. 1999. CombiTool - A new computer program for analyzing combination experiments with biologically active agents. Computers and Biomedical Research, 32(2): 145-160.

Dunnett C W. 1964. New tables for multiple comparisons with a control. Biometrics, 20(3): 482-491.

Ermler S, Scholze M, Kortenkamp A. 2011. The suitability of concentration addition for predicting the effects of multi-component mixtures of up to 17 anti-androgens with varied structural features in an in vitro AR antagonist assay. Toxicology and Applied Pharmacology, 257(2): 189-197.

Ermler S, Scholze M, Kortenkamp A. 2014. Genotoxic mixtures and dissimilar action: Concepts for prediction and assessment. Archives of Toxicology, 88(3): 799-814.

Fan Y, Liu S S, Qu R, Li K, Liu H L. 2017. Polymyxin B sulfate inducing time-dependent antagonism of the mixtures of pesticide ionic liquids and antibiotics to *Vibrio qinghaiensis* sp-Q67. Rsc Advances, 7(10): 6080-6088

Fang K T, Lin D K J, Winker P, Zhang Y. 2000. Uniform design: Theory and application.

Technometrics, 42(3): 237-248.

Faust M, Altenburger R, Backhaus T, Blanck H, Boedeker W, Gramatica P, Hamer V, Scholze M, Vighi M, Grimme L H. 2001. Predicting the joint algal toxicity of multi-component s-triazine mixtures at low-effect concentrations of individual toxicants. Aquatic Toxicology, 56(1): 13-32.

Faust M, Altenburger R, Backhaus T, Blanck H, Boedeker W, Gramatica P, Hamer V, Scholze M, Vighi M, Grimme L H. 2003. Joint algal toxicity of 16 dissimilarly acting chemicals is predictable by the concept of independent action. Aquatic Toxicology, 63(1): 43-63.

Feng L, Liu S S, Li K, Tang H X, Liu H L. 2017. The time-dependent synergism of the six-component mixtures of substituted phenols pesticides and ionic liquids to *Caenorhabditis elegans*. Journal of Hazardous Materials, 327: 11-17.

Finney D J. 1976. Radioligand assay. Biometrics, 32: 721-740.

Fox D R, Landis W G. 2016. Don't be fooled-a no-observed-effect concentration is no substitute for a poor concentration-response experiment. Environmental Toxicology and Chemistry, 35(9): 2141-2148.

Fraser T R. 1872. An experimental research on the antagonism between the actions of physostigma and atropia. Proc R Soc Edinb, 7: 506-511.

Ge H-L, Liu S-S, Zhu X-W, Liu H-L, Wang L-J. 2011. Predicting hormetic effects of ionic liquid mixtures on luciferase activity using the concentration addition model. Environmental Science & Technology, 45(4): 1623-1629.

Gennings C, Carter W H, Casey M, Moser V, Carchman R, Simmons J E. 2004. Analysis of functional effects of a mixture of five pesticides using a ray design. Environmental Toxicology and Pharmacology, 18(2): 115-125.

Gonzalez-Naranjo V, Boltes K. 2014. Toxicity of ibuprofen and perfluorooctanoic acid for risk assessment of mixtures in aquatic and terrestrial environments. International Journal of Environmental Science & Technology, 11(6): 1743-1750.

Gonzalez-Pleiter M, Gonzalo S, Rodea-Palomares I, Leganes F, Rosal R, Boltes K, Marco E, Fernandez-Pinas F. 2013. Toxicity of five antibiotics and their mixtures towards photosynthetic aquatic organisms: Implications for environmental risk assessment. Water Research, 47(6): 2050-2064.

Hanson M L, Solomon K R. 2002. New technique for estimating thresholds of toxicity in ecological risk assessment. Environmental Science & Technology, 36(15): 3257-3264.

Hu J Y, Li J, Wang J S, Zhang A Q, Dai J Y. 2014. Synergistic effects of perfluoroalkyl acids mixtures with J-shaped concentration-responses on viability of a human liver cell line. Chemosphere, 96: 81-88.

Jonker M J, Svendsen C, Bedaux J J M, Bongers M, Kammenga J E. 2005. Significance testing of synergistic/antagonistic dose level-dependent or dose ratio-dependent effects in mixture dose-response analysis. Environmental Toxicology and Chemistry, 24(10): 2701-2713.

Junghans M. 2004. Studies on Combination Effects of Environmentally Relevant Toxicants University of Bremen.

Junghans M, Backhaus T, Faust M, Scholze M, Grimme L H. 2003. Predictability of combined effects of eight chloroacetanilide herbicides on algal reproduction. Pest Management Science, 59(10): 1101-1110.

Junghans M, Backhaus T, Faust M, Scholze M, Grimme L H. 2006. Application and validation of approaches for the predictive hazard assessment of realistic pesticide mixtures. Aquatic Toxicology, 76(2): 93-110.

Khan F R, Keller W, Yan N D, Welsh P G, Wood C M, McGeer J C. 2012. Application of biotic ligand and toxic unit modeling approaches to predict improvements in zooplankton species richness in Smelter-Damaged Lakes near Sudbury Ontario. Environmental Science & Technology, 46(3): 1641-1649.

Kim J, Kim S, Schaumann G E. 2013. Development of QSAR-based two-stage prediction model for estimating mixture toxicity.Sar and Qsar in Environmental Research, 24(10): 841-861.

Kim J, Kim S, Schaumann G E. 2014. Development of a partial least squares-based integrated addition model for predicting mixture toxicity. Human and Ecological Risk Assessment, 20(1): 174-200.

Klein M T, Hou G, Quann R J, Wei W, Liao K H, Yang R S H, Campain J A, Mazurek M A, Broadbelt L J. 2002. BioMOL: A computer-assisted biological modeling tool for complex chemical mixtures and biological processes at the molecular level. Environmental Health Perspectives, 110: 1025-1029.

Kostkova H, Etrych T, Rihova B, Kostka L, Starovoytova L, Kovar M, Ulbrich K. 2013. HPMA copolymer conjugates of DOX and mitomycin C for combination therapy: Physicochemical characterization cytotoxic effects combination index analysis and anti-tumor efficacy. Macromolecular Bioscience, 13(12): 1648-1660.

Koutsaftis A, Aoyama I. 2007. Toxicity of four antifouling biocides and their mixtures on the brine shrimp *Artemia salina*. Science of the Total Environment, 387(1-3): 166-174.

Lange J H, Thomulka KW. 1997. Use of the *Vibrio harveyi* toxicity test for evaluating mixture interactions of nitrobenzene and dinitrobenzene. Ecotoxicology and Environmental Safety, 38(1): 2-12

Li T, Liu S S, Ru R, Liu H L. 2017. Global concentration additivity and prediction of the mixture toxicities: taking nitrobenzene derivatives as an example. Ecotoxicology and Environmental Safety, 144: 475-481.

Li X, Zhou Q, Luo Y, Yang G, Zhou T. 2013. Joint action and lethal levels of toluene ethylbenzene and xylene on midge (*Chironomus plumosus*) larvae. Environmental Science and Pollution Research, 20(2): 957-966.

Liu L, Liu S-S, Yu M, Chen F. 2015a. Application of the combination index integrated with confidence intervals to study the toxicological interactions of antibiotics and pesticides in *Vibrio qinghaiensis* sp-Q67. Environmental Toxicology and Pharmacology, 39(1): 447-456.

Liu L, Liu S S, Yu M, Zhang J, Chen F. 2015b. Concentration addition prediction for a multiple-component mixture containing no effect chemicals. Analytical Methods, 7(23): 9912-9917.

Liu S-S, Song X-Q, Liu H-L, Zhang Y-H, Zhang J. 2009. photobacterium toxicity of herbicide mixtures containing one insecticide. Chemosphere, 75(3): 381-388.

Liu S S, Li K, Li T, Qu R. 2016a. Comments on "The synergistic toxicity of the multi chemical mixtures: Implications for risk assessment in the terrestrial environment". Environment International, 94: 396-398.

Liu S S, Liu H L, Yin C S, Wang L S. 2003. VSMP: A novel variable selection and modeling method based on the prediction. Journal of Chemical Information and Computer Sciences, 43(3):

964-969.

Liu S S, Xiao Q F, Zhang J, Yu M. 2016b. Uniform design ray in the assessment of combined toxicities of multi-component mixtures. Science Bulletin, 61(1): 52-58.

Lu G, Wang C, Tang Z, Guo X. 2007. Joint toxicity of aromatic compounds to algae and QSAR study. Ecotoxicology,16(7): 485-490.

Luszczki J J, Czuczwar S J. 2004. Three-dimensional isobolographic analysis of interactions between lamotrigine and clonazepam in maximal electroshock-induced seizures in mice. Naunyn-Schmiedebergs Archives of Pharmacology, 370(5): 369-380.

Luszczki J J, Czuczwar S J. 2006. Biphasic characteristic of interactions between stiripentol and carbamazepine in the mouse maximal electroshock-induced seizure model: A three-dimensional isobolographic analysis. Naunyn-Schmiedebergs Archives of Pharmacology, 374(1): 51-64.

Ma M M, Chen C, Yang G L, Li Y, Chen Z J, Qian Y Z. 2016. Combined cytotoxic effects of pesticide mixtures present in the Chinese diet on human hepatocarcinoma cell line. Chemosphere,159: 256-266.

Matsumura N, Nakaki T. 2014. Isobolographic analysis of the mechanisms of action of anticonvulsants from a combination effect. European Journal of Pharmacology, 741: 237-246.

Meadows S L, Gennings C, Carter W H, Bae D S. 2002. Experimental designs for mixtures of chemicals along fixed ratio rays. Environmental Health Perspectives, 110: 979-983.

Melnick R, Lucier G, Wolfe M, Hall R, Stancel G, Prins G, Gallo M, Reuhl K, Ho SM, Brown T, Moore J, Leakey J, Haseman J, Kohn M. 2002. Summary of the National Toxicology Program's report of the endocrine disruptors lowdose peer review. Environmental Health Perspectives, 110(4): 427-431.

Mo L Y, Zheng M Y, Qin M, Zhang X, Liu J, Qin L T, Zeng H H, Liang Y P. 2016. Quantitative characterization of the toxicities of Cd-Ni and Cd-Cr binary mixtures using combination index method. Biomed Research International, e4158451.

Mori I C, Arias-Barreiro C R, Koutsaftis A, Ogo A, Kawano T, Yoshizuka K, Inayat-Hussain S H, Aoyama I. 2015. Toxicity of tetramethylammonium hydroxide to aquatic organisms and its synergistic action with potassium iodide. Chemosphere, 120: 299-304.

Moser V C, Simmons J E, Gennings C. 2006. Neurotoxicological interactions of a five-pesticide mixture in preweanling rats. Toxicological Sciences, 92(1): 235-245.

Mwense M, Wang X Z, Buontempo F V, Horan N, Young A, Osborn D. 2004. Prediction of noninteractive mixture toxicity of organic compounds based on a fuzzy set method. Journal of Chemical Information and Computer Sciences, 44(5): 1763-1773.

Mwense M, Wang X Z, Buontempo F V, Horan N, Young A, Osborn D. 2006. QSAR approach for mixture toxicity prediction using independent latent descriptors and fuzzy membership functions. Sar and Qsar in Environmental Research, 17(1): 53-73.

Narotsky M G, Weller E A, Chinchilli V M, Kavlock R J. 1995. Nonadditive developmental toxicity in mixtures of trichloroethylene di(2-ethylhexyl) phthalate and heptachlor in a 5x5x5 design. Fundamental and Applied Toxicology, 27(2): 203-216.

Neuwoehner J, Fenner K, Escher B I. 2009. Physiological modes of action of fluoxetine and its human metabolites in algae. Environmental Science & Technology, 43(17): 6830-6837.

Norgaard K B, Cedergreen N. 2010. Pesticide cocktails can interact synergistically on aquatic crustaceans. Environmental Science and Pollution Research, 17(4): 957-967.

Olmstead A W, LeBlanc G A. 2005. Joint action of polycyclic aromatic hydrocarbons: Predictive modeling of sublethal toxicity. Aquatic Toxicology, 75(3): 253-262.

Parvez S, Venkataraman C, Mukherji S. 2008. Toxicity assessment of organic contaminants: Evaluation of mixture effects in model industrial mixtures using 2(n) full factorial design. Chemosphere, 73(7): 1049-1055.

Payne J, Rajapakse N, Wilkins M, Kortenkamp A. 2000. Prediction and assessment of the effects of mixtures of four xenoestrogens. Environmental Health Perspectives, 108(10): 983-987.

Payne J, Scholze M, Kortenkamp A. 2001. Mixtures of four organochlorines enhance human breast cancer cell proliferation. Environmental Health Perspectives, 109(4): 391-397.

Peace J, Daniel D, Nirmalakhandan N, Egemen E. 1997. Predicting microbial toxicity of nonuniform multicomponent mixtures of organic chemicals. Journal of Environmental Engineering-Asce, 123(4): 329-334.

Qin L-T, Liu S-S, Zhang J, Xiao Q-F. 2011. A novel model integrated concentration addition with independent action for the prediction of toxicity of multi-component mixture. Toxicology, 280(3): 164-172.

Qu R, Liu S-S, Zheng Q-F, Li T. 2017. Using Delaunay triangulation and Voronoi tessellation to predict the toxicities of binary mixtures containing hormetic compound. Scientific Reports, 7: 43473-43473.

Qu R, Liu S S, Chen F, Li K. 2016. Complex toxicological interaction between ionic liquids and pesticides to *Vibrio qinghaiensis* sp-Q67. Rsc Advances, 6(25): 21012-21018.

Ra J S, Lee B C, Chang N I, Kim S D. 2006. Estimating the combined toxicity by two-step prediction model on the complicated chemical mixtures from wastewater treatment plant effluents. Environmental Toxicology and Chemistry, 25(8): 2107-2113.

Richter M, Escher B I. 2005. Mixture toxicity of reactive chemicals by using two bacterial growth assays as indicators of protein and DNA damage. Environmental Science & Technology, 39(22): 8753-8761.

Rodea-Palomares I, Leganes F, Rosal R, Fernandez-Pinas F. 2012. Toxicological interactions of perfluorooctane sulfonic acid (PFOS) and perfluorooctanoic acid (PFOA) with selected pollutants. Journal of Hazardous Materials, 201: 209-218.

Rodea-Palomares I, Petre A L, Boltes K, Leganes F, Perdigon-Melon J A, Rosal R, Fernandez-Pinas F. 2010. Application of the combination index (CI)-isobologram equation to study the toxicological interactions of lipid regulators in two aquatic bioluminescent organisms. Water Research, 44(2): 427-438.

Rodney S I, Teed R S, Moore D R J. 2013. Estimating the Toxicity of Pesticide Mixtures to Aquatic Organisms: A Review. Human and Ecological Risk Assessment, 19(6): 1557-1575.

Rosal R, Rodea-Palomares I, Boltes K, Fernandez-Pinas F, Leganes F, Petre A. 2010. Ecotoxicological assessment of surfactants in the aquatic environment: Combined toxicity of docusate sodium with chlorinated pollutants. Chemosphere, 81(2): 288-293.

Schmidt T S, Clements W H, Mitchell K A, Church S E, Wanty R B, Fey D L, Verplanck P L, San Juan C A. 2010. Development of a new toxic-unit model for the bioassessment of metals in streams. Environmental Toxicology and Chemistry, 29(11): 2432-2442.

Scholze M, Boedeker W, Faust M, Backhaus T, Altenburger R, Grimme L H. 2001. A general best-fit method for concentration-response curves and the estimation of low-effect concentrations.

Environmental Toxicology and Chemistry, 20(2): 448-457.

Scholze M, Silva E, Kortenkamp A. 2014. Extending the applicability of the dose addition model to the assessment of chemical mixtures of partial agonists by using a novel toxic unit extrapolation method. PloS One , 9(2): e88808.

Shahabadi S M S, Reyhani A. 2014. Optimization of operating conditions in ultrafiltration process for produced water treatment via the full factorial design methodology. Separation and Purification Technology, 132: 50-61.

Silva E, Rajapakse N, Kortenkamp A. 2002. Something from "nothing" - Eight weak estrogenic chemicals combined at concentrations below NOECs produce significant mixture effects. Environmental Science & Technology, 36(8): 1751-1756.

Tarasinska J. 2005. Confidence intervals for the power of Student's t-test. Statistics & Probability Letters, 73(2): 125-130.

Thomulka K W, Lange J H. 1997. Mixture toxicity of nitrobenzene and trinitrobenzene using the marine bacterium *Vibrio harveyi* as the test organism. Ecotoxicology and Environmental Safety, 36(2): 189-195

Trombini C, Hampel M, Blasco J. 2016. Evaluation of acute effects of four pharmaceuticals and their mixtures on the copepod *Tisbe battagliai*. Chemosphere, 155: 319-328.

Villa S, Migliorati S, Monti G S, Vighi M. 2012. Toxicity on the luminescent bacterium *Vibrio fischeri* (Beijerinck) II: Response to complex mixtures of heterogeneous chemicals at low levels of individual components. Ecotoxicology and Environmental Safety, 86: 93-100.

Villa S, Vighi M, Finizio A. 2014. Experimental and predicted acute toxicity of antibacterial compounds and their mixtures using the luminescent bacterium *Vibrio fischeri*. Chemosphere, 108: 239-244.

Wang H, Li Y, Huang H, Xu X, Wang Y. 2011. Toxicity evaluation of single and mixed antifouling biocides using the strongylocentrotus intermedius sea urchin embryo test. Environmental Toxicology and Chemistry, 30(3): 692-703.

Wang L-J, Liu S-S, Zhang J, Li W-Y. 2010. A new effect residual ratio (ERR) method for the validation of the concentration addition and independent action models. Environmental Science and Pollution Research, 17(5): 1080-1089.

Wang Y, Chen C, Qian Y, Zhao X, Wang Q. 2015a. Ternary toxicological interactions of insecticides herbicides and a heavy metal on the earthworm *Eisenia fetida*. Journal of Hazardous Materials, 284: 233-240.

Wang Y, Chen C, Qian Y, Zhao X, Wang Q, Kong X. 2015b. Toxicity of mixtures of lambda cyhalothrin imidacloprid and cadmium on the earthworm *Eisenia fetida* by combination index (CI)-isobologram method. Ecotoxicology and Environmental Safety, 111: 242-247.

Wang Z, Chen J, Huang L, Wang Y, Cai X, Qiao X, Dong Y. 2009. Integrated fuzzy concentration addition-independent action (IFCA-IA) model outperforms two-stage prediction (TSP) for predicting mixture toxicity. Chemosphere, 74(5): 735-740.

Yang G L, Chen C, Wang Y H, Cai L M, Kong X Z, Qian Y Z, Wang Q. 2015. Joint toxicity of chlorpyrifos atrazine and cadmium at lethal concentrations to the earthworm *Eisenia fetida*. Environmental Science and Pollution Research, 22(12): 9307-9315.

Zhang J, Liu S-S, Yu Z-Y, Liu H-L, Zhang J. 2013a. The time-dependent hormetic effects of 1-alkyl-3-methylimidazolium chloride and their mixtures on *Vibrio qinghaiensis* sp-Q67. Journal of Hazardous Materials, 258: 70-76.

Zhang J, Liu S-S, Yu Z-Y, Zhang J. 2013b Time-dependent hormetic effects of 1-alkyl-3-methylimidazolium bromide on *Vibrio qinghaiensis* sp-Q67: Luminescence redox reactants and antioxidases. Chemosphere, 91(4): 462-467.

Zhang J, Liu S-S, Zhang J, Qin L-T, Deng H-P. 2012. Two novel indices for quantitatively characterizing the toxicity interaction between ionic liquid and carbamate pesticides. Journal of Hazardous Materials, 239: 102-109.

Zhang J, Liu S-S, Zhu X-W. 2014. Benefits from hazards: Mixture hormesis induced by emim Cl despite its individual inhibitions. Chemosphere, 112: 420-426.

Zhang N, Fu J N, Chou T C. 2016. Synergistic combination of microtubule targeting anticancer fludelone with cytoprotective panaxytriol derived from panax ginseng against MX-1 cells in vitro: Experimental design and data analysis using the combination index method. American Journal of Cancer Research, 6(1): 97-104.

Zhang Y-H, Liu S-S, Liu H-L, Liu Z-Z. 2010. Evaluation of the combined toxicity of 15 pesticides by uniform design. Pest Management Science, 66(8): 879-887.

Zhang Y-H, Liu S-S, Song X-Q, Ge H-L. 2008. Prediction for the mixture toxicity of six organophosphorus pesticides to the luminescent bacterium Q67. Ecotoxicology and Environmental Safety, 71(3): 880-888.

Zhou X, Seto S W, Chang D, Kiat H, Razmovski-Naumovski V, Chan K, Bensoussan A. 2016 Synergistic effects of Chinese herbal medicine: A comprehensive review of methodology and current research. Frontiers in Pharmacology, 7: e201.

Zhu X W, Liu S-S, Qin L-T, Chen F, Liu H-L. 2013. Modeling non-monotonic dose-response relationships: Model evaluation and hormetic quantities exploration. Ecotoxicology and Environmental Safety, 89: 130-136.